自动检测与转换技术

（第3版）

主　编　林　辉　房　楠
副主编　周　磊
主　审　刘宏利

重庆大学出版社

内容提要

本书共有 10 个项目。其主要内容包括:传感器与检测技术的基础知识、电阻式传感器及应用、电容式传感器及应用、电感式传感器及应用、热电偶、光电传感器、数字式传感器及应用、其他类型的传感器及现代检测技术、传感器的综合实训。本书内容丰富,全面反映了自动检测技术的新动向,并注重工作过程的完整性和可操作性,突出了技能训练,以提高学生的实际操作能力。

本书可作为高职高专院校机电一体化、电气自动化、数控技术和电子信息等专业传感器与自动检测技术项目教学课程的教材,也可供相关专业师生和工程技术人员参考。

图书在版编目(CIP)数据

自动检测与转换技术 / 林辉,房楠主编.—3 版
. — 重庆:重庆大学出版社,2020.8(2024.1 重印)
高职高专机电一体化专业教材
ISBN 978-7-5689-6791-5

Ⅰ.①自… Ⅱ.①林… ②房… Ⅲ.①自动检测—高
等职业教育—教材②传感器—高等职业教育—教材 Ⅳ.
①TP274②TP212

中国版本图书馆 CIP 数据核字(2020)第 124053 号

自动检测与转换技术
(第 3 版)

主 编 林 辉 房 楠
策划编辑:周 立

责任编辑:周 立   版式设计:周 立
责任校对:文 鹏   责任印制:张 策
*
重庆大学出版社出版发行
出版人:陈晓阳
社址:重庆市沙坪坝区大学城西路 21 号
邮编:401331
电话:(023) 88617190 88617185(中小学)
传真:(023) 88617186 88617166
网址:http://www.cqup.com.cn
邮箱:fxk@ cqup.com.cn (营销中心)
全国新华书店经销
重庆长虹印务有限公司印刷
*
开本:787mm×1092mm 1/16 印张:13.75 字数:346千
2016 年 7 月第 1 版 2020 年 8 月第 3 版 2024 年 1 月第 6 次印刷
印数:9 001—10 000
ISBN 978-7-5689-6791-5 定价:39.50 元

前　言

随着现代工业技术的不断发展,生产过程自动化已成为必不可少的重要部分,其中各种常见物理量的检测方法是电类专业学生必须掌握的一门专业技能。在此背景下,目前各个高职院校电气自动化、机电一体化、数控技术等专业都把检测技术作为其专业基础课。编者根据我国高职电类专业的培养目标和要求,结合多年的教学经验和工作经验,编写了本书,旨在满足当前社会经济发展对高职教育的新要求。

本教材根据高职电类专业国家职业教育教学改革的要求编写,按照突出应用性、实际性和针对性的原则编写并重组系列课程教材结构,以项目驱动、任务导入方式反映高职课程和教学内容改革方向,反映当前教学的新内容和新方法,突出基础理论知识的应用和实践技术技能的培养,以适应实践的要求和岗位的需求。本教材力图使高职电类专业学生在学完本课程后能获得具有从事生产一线的技术和运行人员所必须掌握的传感器、自动检测技术和智能技术等方面的基本知识和基本应用技能。

本教材着重于介绍常用传感器的工作原理、测量转换电路及其应用。在取材方面,既考虑了检测技术日新月异的发展趋势,也考虑到高职教育学生的实际情况,使得教材既有深度又有广度。还针对高职类院校对学生职业技术技能的要求,加入了综合实训内容,提升学生的实践动手能力,着力培养高素质劳动者和技术技能人才。因而,本教材主要着眼点在于结合现场实际应用来提高高职学生的工艺知识水平和解决实际问题的能力,压缩了大量的理论推导,突出了高职教材的实用性。

本教材参考学时数为60学时,各项目相对独立,不同的学校和专业使用本教材时,可根据实际情况对内容进行取舍。实验和实训是本课程不可缺少的重要组成部分,使用本教材时,可根据各校具体的仪器设备情况,结合教材内容弹性选择开设,以提高学生分析问题和解决问题的综合能力。

本教材共有10个项目。项目1对传感器与检测技术的基础知识做了较详细的介绍;项目2～项目8按工作原理分类介绍了各种类型传感器的基本原理、转换电路及其典型应用;项目9简单介绍了现代检测技术知识;项目10介绍了传感器的综合实训内容。

本教材由西安铁路职业技术学院林辉、房楠担任主编,周磊担任副主编,刘宏利任主审。教材编具体分工如下:项目1～项目3由林辉编写;项目9、项目10由周磊编写;项目4、项目6～项目8由房楠编写;项目5及附录由王晓琴、虞梦月编写;绪论由朱亚男编写,全书由房楠、周磊负责统稿。

由于传感器与自动检测技术发展快且更新快,加之作者水平有限,时间仓促,书中难免有不足之处,希望读者在使用本书的过程中提出宝贵意见,作者将在今后不断更新和充实本书。

在本书的编写过程中,参考了部分书刊内容,并引用了一些技术资料,在此向有关作者表示衷心感谢!

编　者

目　录

绪 论

检测包括检查和测量两方面,是利用各种物理、化学效应,选择合适的方法与装置,将生产、科研、生活等各方面的有关信息通过检查的方法赋予定性或定量结果的过程。在自动化系统中,人们为了有目的地进行控制,首先需要通过检测获取生产流程中的各种有关信息,然后对它们进行分析、判断,以便进行自动控制。

自动检测就是在测量和检验过程中完全不需要或仅需要很少的人工干预而自动完成的检测。实现自动检测可以提高自动化的水平和程度,减少人为干扰因素或人为差错,提高生产过程或设备的可靠性和运行效率。

(1)检测技术的地位与作用

在工程技术领域中,工程研究、产品开发、生产监督、质量控制和性能试验等,都离不开检测技术。在机械制造行业中,通过对机床的许多静态、动态参数,如工件的加工精度、切削速度、床身振动等进行在线检测,从而控制加工质量。在化工、电力等生产过程中,温度、压力、流量、液位等过程参数的检测是实现生产过程自动化的基础。在工业机器人中,自动检测技术应用于手臂的位置和角度;传感器应用于视觉和触觉,机器人成本的 1/2 是耗费在高性能的传感器上。

在国防领域,检测技术应用得更多。例如,利用红外探测可以发现地形、地物及敌方各种军事目标,若研究飞机的强度,就要在机身、机翼上贴上几百片应变片进行动态测量;在交通领域,例如,汽车的行驶速度、行驶距离、发动机旋转速度以及燃料剩余量等有关参数都需要自动检测,汽车防滑控制、防盗、防抱死、排气循环、电子变速控制等装置都应用了检测技术;在日常生活中,例如,自动洗衣机、空调机、电子热水器、吸尘器、照相机、音像设备等家用电器都离不开检测技术。

总之,自动检测技术已广泛应用于工业、国防、交通、生活等各个方面,成为国民经济发展和社会进步的一项必不可少的重要基础技术,也可以说自动检测技术直接影响着人类文明发展和进步。

(2)自动检测系统的组成

自动检测系统需要若干仪器仪表以及附加设备构成一个有机整体,完成检测任务。自动检测系统应能完成对被测对象进行变换、分析、处理、判断、比较、存储、控制及显示等功能。一个完整的自动检测系统如图 0.1 所示,它包括传感器、测量电路、记录仪、显示器、数据处理和执行机构。

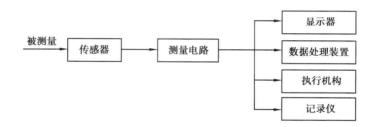

图0.1 自动检测系统组成框图

①传感器:传感器是能感受规定的被测量并按照一定规律转换成可用输出信号的器件或装置。因此传感器是一种获得信息的手段,它在非电量电测系统中占有重要的位置。它获得信息的正确与否,关系到整个测量系统的精度,如果传感器的误差很大,后面的测量电路、放大器、指示仪等的精度再高也难以提高测量系统的精度。

②测量电路:测量电路要实现的功能是把传感器的输出信号变换成电压或电流信号,使其能在指示仪上指示或在记录仪中记录。测量电路的种类常由传感器的类型而定,如电阻式传感器需采用一个电桥电路把电阻值变换成电流或电压输出,所以它属于信号的转换部分。由于测量电路的输出信号一般比较小,为了能使指示仪工作或记录机构运动,常常要将信号加以放大,所以在测量电路中一般还带有放大器。

③显示器:目前常用的显示器有4类:模拟显示、数字显示、图像显示及记录仪。模拟量是连续变化的量,模拟显示是利用指针对标尺的相对位置来表示读数的,常见的有指针表、模拟光柱等。

数字显示目前多采用发光二极管LED和液晶显示器LCD等,以数字的形式来显示读数。前者亮度高、耐振动,可适应较宽的温度范围;后者耗电小、集成度高。目前还研制出了带背光板的LCD,便于在夜间观看。

图像显示是用CRT或彩色LCD来显示读数或被测参数的变化曲线,有时还可以用图表或彩色图等形式来反映整个生产线上的多组数据。

④记录仪:主要是用来记录被检测对象的动态变化过程。常用的记录仪有笔式记录仪、高速打印机、绘图仪、数字存储器、磁带记录仪、无纸记录仪等。

⑤数据处理装置:用来对测试所得的实验数据进行处理运算、逻辑判断、线性变换。对动态测试结果做频谱分析(幅值谱分析、功率谱分析)、相关分析等,完成这些工作必须采用计算机技术。

⑥执行机构:所谓执行机构通常是指各种继电器、电磁铁、电磁阀、电磁调节阀、伺服电动机等,它们是在电路中起到通断、控制、调节、保护等作用的电气设备。许多检测系统能输出与被测量有关的电流或电压信号,从而去驱动这些执行机构。

(3)检测与转换技术的发展方向

检测技术所涉及的知识非常广泛,渗透到各个学科领域。由于科学和技术的发展,自动化程度越来越高,因而对自动检测系统的要求越来越高,促使自动检测系统的研究向着研制"在线"监测和控制,检测系统小型化,一体化及智能,以及研究故障检测系统的方向发展。当前,检测技术的发展主要表现在以下几个方面。

①不断提高监测系统的测量精度、可靠性、稳定性、抗干扰性及使用寿命。近年来,随着

科学技术的不断发展,要求测量精度、可靠性和稳定性等尽可能的高。为了使自动检测装置适应在各种复杂条件下可靠工作,要求研制的检测系统具有较高的抗干扰能力和适应生产要求的较长的使用寿命。

②发展小型化、集成化、多功能化、多维化、智能化和高性能、扩大量程范围的检测装置。随着半导体材料的研究和新工艺的进展,已研制出了一批新型半导体传感器;同时若将传感器、放大器、温度补偿电路等集成于同一芯片上,构成"材料—器件—电路—系统"一体化,进一步增加检测系统的抗干扰能力。

自微处理器问世及迅速应用以来,测量系统、控制技术、显示和记录装置也在向数字化、智能化方向发展,使得自动检测技术须具有精确检测及数据处理等功能,以提高检测精度和可靠性,从而扩展检测功能。另外,监测系统趋于多维化,对于测量信息的采集不是局限于某一点,而是能在较宽范围内立体获得信息且具有较高的空间分辨率,即从"计量"向状态识别靠近。

③应用新技术和新物理效应,扩大检测领域的应用。检测原理大多以各种物理效应为基础。近代物理学的进展,对仿生学的研究,仿造生物的感觉功能的新型传感器的开发应用,使得检测技术的应用领域更广阔。如今的检测领域正向着社会需要的各方面扩展,不仅用在工业部门,而且也涉及到工程、海洋开发、宇宙航行等尖端科学技术和新能源等新型工业领域,以及生物、医疗、环境检测、危险品和毒品的侦查、安全检测方面,同时也已渗入到人类日常生活的方方面面。

④网络化传感器及检测系统逐步发展。在信息时代社会里,本着资源共享的原则,信息网络化蓬勃发展。为了能随时随地浏览和控制现场工况,要求传感器及检测系统具有能符合某种协议格式的信息采集及传输功能。即通过局域网、互联网等实现异地的数据交换和共享,从而实现远程调试、远程故障诊断、远程数据采集和实时操作,构成网络化的检测系统。

总之,检测与转换技术的不断发展是为了适应国民经济发展的需要,取得的进展十分引人瞩目,今后将会有更大的发展。

（4）课程的任务和学习方法

本课程的任务是:在研究各种传感器基本原理的基础上,逐一分析各种传感器是如何将非电量转换为电量的,培养学生具备常用传感器及测量电路的基本知识和基本技能,具有使用和调整电气设备控制系统中传感器及测量电路的能力,培养辩证思维的方法,增强职业素养,使之成为机电技术应用等相关专业的高素质技能型专门人才。

本课程涉及的学科面广,要求学生既要有广博的基础知识,又要有较深入的专业知识,同时还应具备电子电路制作的基本技能和技巧。学好这门课程的关键在于理论联系实际,要举一反三,富于联想,善于借鉴,关心和观察周围的各种机械、电气、家用电器等设备,重视实验和实训。这样才能学得活、学得好,才有利于提高解决实际问题的能力。

项目 **1**

传感器与检测技术的基础知识

【项目描述】生产过程中有各种各样的参数需要进行检测和控制。能从被检测的参量中提取有用信息(它往往是电量),并且有时还将它转换成易于传递和处理的电信号,称之为传感器。检测系统的主要组成部分之一是测量,人们采用各种测量手段来获取所研究对象在数量上的信息。现代社会要求测量必须达到准确度高、误差极小、速度更快、可靠性更高等目标。为此要求测量的方法精益求精。

本项目含5个任务,即测量的基本概念,测量误差及分类,传感器及其基本特性,传感器信号处理电路和抗干扰技术。

【学习目标】了解测量的定义及内容;掌握直接测量和间接测量法;了解测量的误差及分类;掌握仪表精确度与分辨率的计算;了解测量结果的分析及处理;了解传感器的定义及组成;掌握传感器的基本特性;了解信号处理与变换的目的、基本方法;掌握常用的电桥测量电路;对信号放大电路、信号滤波电路、信号转换电路有一定的认识;掌握常用的抗干扰措施。

【技能目标】对自动检测系统有初步的认识,能根据实际检测装置的应用来掌握自动检测系统的组成;学会处理测量数据、计算误差,根据精度要求合理选用仪表;根据实际要求选择合适的传感器;根据实际要求、传感器输出信号的特性、工作方式及系统要求对传感器输出信号进行简单的处理和转换,会采取一定的抗干扰措施。

任务 1.1 测量的基本概念

【活动情景】人们在认识自然界的过程中,从各个不同方面采用各种不同的方法进行观察和研究自然界各种现象的发展变化规律。其中常用的方法是收集研究对象在数量上的信息,即对研究对象进行测量。通过测量取得被测对象的某个量的大小和符号,或者取得一个变量与另一个变量之间的关系,如变化曲线、图表等,从而掌握被测对象的特性、规律或控制某个过程等。

【任务要求】通过对测量定义及内容的学习,建立测量的基本认识。

【基本活动】

1.1.1　测量的定义

测量就是借助于专门的技术工具或手段,通过实验的方法,把被测量与同性质的标准量进行比较,求取二者比值,从而得到被测量数值大小的过程。其数学表达式为

$$X = A_x A_e \tag{1.1}$$

式中,x 为被测量;A_e 为测量的单位名称;A_x 为被测量的数据。

式(1.1)称为测量的基本方程式。它说明被测量值的大小与测量单位有关,单位愈小数值愈大。因此,一个完整的测量结果应包含测量值 A_x 和所选测量单位 A_e 两部分内容。

测量的目的是为了准确地获取表征被测对象特征的某些参数的定量信息。然而测量过程中难免要存在各种误差,因此测量结果不仅要能确定被测量的大小,或与另一变量的相互关系,而且要说明其误差的大小,给出可信程度。这就需要对实验结果进行数据处理与误差分析。只有如此,才能掌握被测对象的特性和规律,以控制某一过程,或对某事做出决策。

综上所述,测量技术的含义可包括下述全过程:按照被测对象的特点,选用合适的测量仪器与实验方法;通过测量数据的处理和误差分析,准确得到被测量的数值;为提高测量精度改进实验方法及测量仪器,从而为生产过程的自动化等提供可靠的依据。

1.1.2　测量的单位

数值为 1 的某量,称为该量的测量单位或计量单位。由于测量单位是人为定义的,故带有任意性、地区性和习惯性。因此,单位的统一既是必要的又是艰巨的。统一的单位将给人们的生活、生产和科学技术的发展带来极大的方便。我国早在秦朝就有了"统一度量衡"的创举。1984 年 2 月 27 日国务院发布了《关于在我国统一实行法定计量单位的命令》,并同时颁布了《中华人民共和国法定计量单位》,它以国际单位为基础并保留了一些暂时并用的单位。

国际(SI)单位制是在 1960 年第十一届国际计量大会通过的,它包括 SI 单位、SI 词头和 SI 单位的十进制倍数单位。其中 SI 单位包括基本单位、辅助单位和导出单位。

基本单位有 7 个:长度、质量、时间、电流、热力学温度、物质的量和光强度,它们都经过严格的定义,是 SI 单位制的基础。辅助单位有两个:平面角和立体角,是指尚未规定属于基本单位还是导出单位,可以用来构成导出单位。导出单位是由基本单位根据选定的、联系相应量的代数式组合起来的单位。此外,还有具有专门名称的单位,如牛[顿],以及用专门名称导出的单位。单位的符号用拉丁字母表示,一般用小写体,但具有专门名称的单位符号用大写体,符号后面都不加标点。

国际单位制规定了 SI 单位的十倍率倍数和分数单位的词冠和符号。

【技能训练】了解测量方法的分类,选用对几种测量方法进行训练。

测量方法是指被测量与其单位进行比较的实验方法。按不同的分类方法进行分类可得到不同的分类结果。

①根据测量的手段分类,可分为直接测量与间接测量。

直接测量就是用仪表测量,测量值就是被测值。例如,用电流表测量电流,用电桥测量电阻等。这种方式简单方便,但它的准确程度受所用仪表误差的限制。如果被测量不能直接测

量,或直接测量该被测量的仪器不够准确,那么利用被测量与某种中间量之间的函数关系,先测出中间量,然后通过计算公式,算出被测的值,这种方式称为间接测量。例如,用伏安法测电阻,就是利用测量出的电压与电流的值,通过欧姆定律间接算出电阻的值。

②根据被测量是否随时间变化,可分为静态测量和动态测量。

静态测量是指被测量是恒定的,如测物体的重量就属于静态测量。动态测量是指被测量随时间变化而变化,如用光导纤维陀螺仪测量火箭的飞行速度、方向就属于动态测量。

③根据被测量结果的显示方式,可分为模拟式测量和数字式测量。

被测量连续变化的量是模拟量,模拟式测量易受噪声和干扰的影响。数字式仪器用数码显示结果,读数方便,不易读错。要求精密测量时绝大多数采用数字式测量。

④根据测量时是否与被测对象接触,可分为接触式测量和非接触式测量。

例如,用热电偶插入液体测温度就是接触式测量,用红外线温度仪测食品的温度就是非接触式测量。

⑤根据是否在生产线上检测,可分为在线检测和离线检测。

在线检测即实时检测,如在加工过程中实时对刀具进行检测,并依据测量的结果作出相应的处理。离线检测无法实时监控生产质量。

任务 1.2　测量误差及分类

【活动情景】测量的目的是希望得到被测事物的真实量值(真值),但是在测量中无论如何都不能绝对精确地测得被测量的真值,总会出现误差。这是因为检测系统(仪表)不可能绝对精确、测量原理的局限、测量方法的不尽完善、环境因素和外界干扰的存在以及测量过程可能会影响被测对象的原有状态等。

【任务要求】分析误差产生的原因,对测量仪表进行正确的选择。

【基本活动】

1.2.1　测量误差的定义

测量结果受到各种因素的影响,例如,在温度测量时,热量可以通过温度传感器从被测量物体上传导出来,从而使其温度下降,因而测量结果所反映的并不是被测对象的本来面貌,而只是一种近似,所以测量结果不可能准确地等于被测量的真值。任何一个量的绝对准确值只是一个理论概念,称为这个量的真值。所谓真值,是指在一定的时间及空间条件下,某物理量所体现的真实数值。真值在实际中永远无法测量出来,只能求得与被测量真值的逼近值,在合理的条件下,这个值越逼近真值越好。为了实际使用的方便,通常用"约定真值"来代替"真值"。所谓"约定真值",指的是与真值的差可以忽略且可以代替真值的值。

在实际中,用测量仪表对被测量进行测量时,测量结果与被测量的约定真值之间的差值就称为测量误差。

1.2.2　误差的分类及分析

根据不同的标准,可对误差进行不同的分类。

（1）绝对误差

测量值 A_x 与被测量真值 A_0 之间的差值称为绝对误差,用 Δx 表示,即

$$\Delta x = A_x - A_0 \tag{1.2}$$

由式（1.2）可知,绝对误差的单位与被测量的单位相同,且有正、负符号之分。用绝对误差表示仪表的误差大小也比较直观,它被用来说明测量结果接近被测真值的程度。在实际使用中被测真值 A_0 是得不到的,只能用更精确的测量方法所测得的值 X_0 来代替 A_0,则式（1.2）可写成

$$\Delta x = A_x - X_0 \tag{1.3}$$

绝对误差不能作为衡量测量精确度的标准,例如,用一个电流表测量 200 A 电流,绝对误差为 +1 A,而用另一个电流表测量 10 A 电流,绝对误差为 +0.5 A,前者的绝对误差大于后者,但误差值对测量结果的影响却是后者大于前者,即两者的测量精确度相差很大,由此而引出了相对误差的概念。

（2）相对误差

所谓相对误差是指绝对误差 Δx 与被测量的约定值之百分比值。在实际测量中,相对误差分为实际相对误差、示值（标称）相对误差和引用（满度）相对误差 3 种表示方法。

①实际相对误差 γ_A。实际相对误差 γ_A 用绝对误差 Δx 与被测真值 A_0 的百分比来表示,即

$$\gamma_A = \frac{\Delta x}{A_0} \times 100\% \tag{1.4}$$

②示值相对误差 γ_x。示值相对误差 γ_x 用绝对误差 Δx 与被测量值 A_x 的百分比来表示,即

$$\gamma_X = \frac{\Delta x}{A_x} \times 100\% \tag{1.5}$$

③满度相对误差 γ_m。引用相对误差 γ_m 用绝对误差 Δx 与仪表满量程 A_m 的百分比来表示,即

$$\gamma_m = \left| \frac{\Delta x}{A_m} \right| \times 100\% \tag{1.6}$$

（3）准确度

传感器的误差是以准确度来表示的。准确度常用最大满度误差来定义,即

$$S = \frac{\Delta x_{max}}{A_m} \times 100\% \tag{1.7}$$

仪表的准确度习惯上称为精度,准确度等级习惯上称为精度等级。准确度表示传感器的最大相对误差。准确度等级 S 按规定取一系列标准值。目前我国电工仪表准确度分为七级:0.1、0.2、0.5、1.0、1.5、2.5、5.0 级。从仪表面板上的标识可以判断出仪表的等级,仪表的等级表示对应仪表的满度误差不应超过的百分比。例如,等级为 0.1 的仪表,它的基本误差最大不超过 0.1%。由此可知,等级越大,误差就越大。所以,等级值越小,仪表的价格就越贵。工业上常用 0.5 级以上的仪表。

【注意】仪表精度与精度等级不是一回事,精度越高,精度等级越小。

【技能训练】结合测量对象,选择合适的测量仪表。

例 1.1　有一台测量仪表,测量范围为 −200 ～ +800 ℃,准确度为 0.5 级。现用它测量 500 ℃ 的温度,求仪表引起的最大绝对误差和最大示值相对误差。

解　$A_\mathrm{m} = A_\mathrm{max} - A_\mathrm{min} = 800 - (-200) = 1\,000$ ℃

最大绝对误差：$\Delta x_\mathrm{max} = S \times A_\mathrm{m} = 0.5\% \times 1\,000 = 5$ ℃

最大示值相对误差：$\gamma_\mathrm{x} = \dfrac{\Delta x_\mathrm{max}}{A_\mathrm{x}} \times 100\% = \dfrac{5}{500} \times 100\% = 1\%$

例 1.2　现有 0.5 级的 0 ~ 300 ℃ 和 1.0 级的 0 ~ 100 ℃ 的两个温度计，要测量 80 ℃ 的温度，试问选用哪一只温度计较好，为什么？

解　选用正确的温度计，要求示值相对误差要小。

用 0.5 级表测量时，最大示值相对误差为

$$\gamma_\mathrm{x} = \frac{\Delta x_\mathrm{max}}{A_\mathrm{x}} \times 100\% = \frac{300 \times 0.5\%}{80} \times 100\% = 1.875\%$$

用 1.0 级表测量时，最大示值相对误差为

$$\gamma_\mathrm{x} = \frac{\Delta x_\mathrm{max}}{A_\mathrm{x}} \times 100\% = \frac{100 \times 1.0\%}{80} \times 100\% = 1.25\%$$

计算结果表明，用 1.0 级表的示值相对误差比用 0.5 级表小，所以用 1.0 级表更合适。

【注意】在选用仪表时应兼顾精度等级和量程，通常希望示值落在仪表满度值的 2/3 左右。

1.2.3　误差产生的原因

根据误差产生的原因，对误差进行分类，不同的误差有不同的解决方法。

（1）系统误差

在相同条件下，多次重复测量同一被测参量时，其测量误差的大小和符号保持不变，或在条件改变时，误差按某一确定的规律变化，这种测量误差称为系统误差。误差值恒定不变的又称为定值系统误差，误差值变化的则称为变值系统误差。变值系统误差又可分为累进性的、周期性的以及按复杂规律变化的几种。

系统误差表征测量结果的准确度，系统误差愈小，则表明测量准确度愈高。它可以通过实验的方法或引入修正值的方法计算修正，也可以重新调整测量仪表的有关部件予以消除。

（2）随机误差

在相同条件下多次重复测量同一被测参量时，测量误差的大小与符号均无规律变化，这类误差称为随机误差。随机误差主要是由于检测仪器或测量过程中某些未知或无法控制的随机因素（如仪器的某些元器件性能不稳定，外界温度、湿度变化、空中电磁波扰动、电网的畸变与波动等）综合作用的结果。随机误差的变化通常难以预测，因此也无法通过实验方法确定、修正和消除。但是通过足够多的测量比较可以发现随机误差服从某种统计规律（如正态分布、均匀分布、泊松分布等）。

通常用精密度表征随机误差的大小。精密度越低随机误差越大，反之随机误差就越小。

（3）粗大误差

粗大误差是指明显超出规定条件下预期的误差，其特点是误差数值大，明显歪曲了测量结果。粗大误差一般由外界重大干扰或仪器故障或不正确的操作等引起。存在粗大误差的测量值称为异常值或坏值，一般容易发现，发现后应立即剔除。也就是说，正常的测量数据应是剔除了粗大误差的数据，所以我们通常研究的测量结果误差中仅包含系统和随机两类误差。

任务 1.3　传感器及其基本特性

【活动情景】传感器的作用是将被测量转换成与其有一定关系的易于处理的电量,它获得信息正确与否,直接关系到整个系统的精度。传感器的输出信号多为易于处理的电量,如电压、电流、频率等。传感器的特性主要是指输出与输入之间的关系,具有静态特性和动态特性之分。

【任务要求】结合传感器的基本特性,选择合适的传感器进行测量。

【基本活动】

1.3.1　传感器的定义及组成

根据中华人民共和国国家标准(GB/T 7665—1987),传感器是指能感受(或响应)规定的被测量,并按照一定的规律转换成可用输出信号的器件或装置。传感器通常由敏感元件、传感元件及转换电路组成,如图 1.1 所示。

图 1.1　传感器组成图

①敏感元件是指传感器中直接感受被测量的部分。在完成非电量到电量的变换时,并非所有的非电量都能利用现有手段直接转换成电量,往往是先变换成另一种易于变成电量的非电量,然后再转换成电量。

②传感元件是指传感器中能将敏感元件输出的非电量转换成适于传输和测量的电量信号的部分。有些传感器把敏感元件和传感元件合二为一。

③转换电路是指将无源型传感器输出的电参数量转换成易于处理的电量部分。常用的转换电路有电桥电路、脉冲调宽电路、谐振电路等,它们将电阻、电容、电感等电参量转换成电压、电流或频率。

1.3.2　传感器的分类

传感器的分类方法有很多,常用的分类方法如下:

①按被测对象的不同可分为位移、压力、温度、流量、速度、加速度、磁场、光通量等传感器。

②按输出信号的类型不同可分为开关型传感器、模拟式传感器和数字式传感器。开关型传感器输出的是开关量("1"和"0"或"开"和"关"),模拟式传感器的输出量是模拟电压值,数字式传感器的输出量是脉冲或代码型。

③按工作原理的不同可分为电阻式、电容式、电感式、霍尔式、光电式等传感器。

1.3.3　传感器的基本特性

传感器的静态特性是指静态工作条件下的输入/输出特性,传感器的动态特性反映传感器的动态性能。静态特性指标有灵敏度、分辨率、线性度、迟滞、测量范围与量程、精度等级、重复性、稳定性、死区等。动态特性指标有超调量、上升时间、响应时间、相频特性及幅频特性等,这里仅介绍静态特性。传感器出厂说明书上一般都列有其主要静态性能指标的额定数值。

（1）灵敏度

灵敏度是传感器静态特性的一个重要指标。其定义是输出量增量 Δy 与引起输出量增量的相应输入量增量 Δx 之比,用 K 表示,即

$$K = \frac{\mathrm{d}y}{\mathrm{d}x} = \frac{\Delta y}{\Delta x} \tag{1.8}$$

式中:x 为输入量;y 为输出量;K 表示单位输入量的变化所引起的传感器输出量的变化。

很显然,灵敏度 K 值越大,表示传感器越灵敏。对线性传感器而言,灵敏度为一常数,如图 1.2(a)所示;对非线性传感器而言,灵敏度随输入量的变化而变化,可用作图法求出曲线上任一点的灵敏度,如图 1.2(b)所示,作该曲线的切线,切线斜率大小即灵敏度。

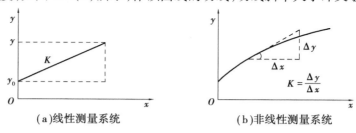

（a)线性测量系统　　　　　　　　（b)非线性测量系统

图 1.2　用作图法求取传感器的灵敏度

（2）分辨力

分辨力是指传感器能检出的被测信号的最小变化量。当被测量的变化小于分辨力时,传感器对输入量的变化无任何反应。对数字仪表而言,一般可以认为该表的最后一位所表示的数值就是它的分辨力。其分辨率是分辨力与仪表满量程的比值,分辨率反映传感器对输入量极小变化的分辨能力。

（3）迟滞性

迟滞性是指正、反行程中输入/输出曲线的不重合性。迟滞误差又叫回程误差,即传感器正行程及反行程中输出信号差值的最大值。如图 1.3 所示,迟滞误差可用 γ_H 表示,即

$$\gamma_H = \pm \frac{1}{2} \frac{\Delta H_{\max}}{y_{\max}} \times 100\% \tag{1.9}$$

式中,$\Delta H_{\max}$ 为最大迟滞误差;$y_{\max}$ 为满量程输出。

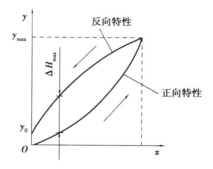

图 1.3　传感器的迟滞性示意图

（4）线性度

线性度又叫非线性误差,是指传感器实际特性曲线与拟合直线之间的最大偏差与传感器满量程范围内的输出百分比,如图 1.4 所示,非线性误差用 γ_L 表示,即

$$\gamma_L = \frac{\Delta L_{\max}}{y_{\max} - y_{\min}} \times 100\% \tag{1.10}$$

式中,$\Delta L_{\max}$ 为最大非线性误差;$y_{\max} - y_{\min}$ 为输出范围。

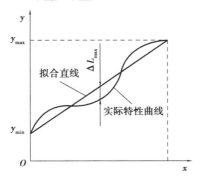

图 1.4　传感器的线性度示意图

线性度是表示传感器的输入与输出之间数量关系的线性误差。从传感器的性能看,希望具有线性关系,即理想输入/输出关系,但实际遇到的传感器大多为非线性。现在多采用计算机来纠正检测系统的非线性误差。

（5）稳定性

稳定性指在室温条件下,经过相当长的时间间隔,如一天、一月或一年,传感器输出与起始标定时的输出之间的差异。影响稳定性的主要因素是环境,环境影响量是指由环境变化而引起的示值变化量,示值的变化量由零漂和灵敏度漂移两个因素构成。

零漂在测量前是可以发现的,并且可用重新调零的方法来解决。灵敏度漂移会使仪表的输入/输出曲线的斜率产生变化。造成环境影响量的因素有温度、湿度、气压、电源电压、电源频率等。在这些因素中,温度变化对仪表的影响最难克服,必须予以重视。例如,克服热电偶的温度漂移可采用电桥电路补偿法。

（6）电磁兼容性

所谓电磁兼容是指电子设备在规定的电磁干扰环境中能按照原设计要求而正常工作的能力,而且也不向处于同一环境中的其他设备释放超过允许范围的电磁干扰。

随着科学技术、生产力的发展,高频、宽带、大功率的电气设备几乎遍布地球的所有角落,随之而来的电磁干扰也越来越严重地影响监测系统的正常工作。轻则引起测量数据上下跳动,重则造成检测系统内部逻辑混乱,系统瘫痪,甚至烧毁电子线路。因此,抗电磁干扰技术就显得越来越重要。自 20 世纪 80 年代以来,越来越强调电子设备、检测控制系统的电磁兼容性。对检测系统来说,主要考虑在恶劣的电磁干扰环境中,系统必须能正常工作,并能取得精度等级范围内的正确测量结果。

（7）可靠性

可靠性是反映检测系统在规定条件下,在规定的时间内是否耐用的一种综合性的质量指标。常用的可靠性指标有以下几种:

①故障平均间隔时间:指两次故障间隔的时间。

②平均修复时间:指排除故障所花费的时间。

③故障率或失效率:它可用图 1.5 所示的故障率变化曲线来说明。故障率的变化大体上可分为三个阶段:

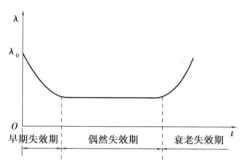

图 1.5　故障率变化曲线

初期失效期:这期间开始阶段故障率很高,失效的可能性很大,但随着使用时间的增加而迅速降低。故障原因主要是设计或制造上有缺陷,所以应尽量在使用前期予以暴露,并消除。有时为了加速度过这一危险期,在检测系统通电的情况下,将之放置于高温环境→低温环境→高温环境…反复循环,这称为"老化"试验。老化之后的系统在现场使用时,故障率大为降低。

偶然失效期:这期间的故障率较低,是构成检测系统使用寿命的主要部分。

衰老失效期:这期间的故障率随时间的增加而迅速增大,经常损坏和维修。原因是元器件老化,随时都可能损坏。因此有的使用部门规定系统超过使用寿命时,即使还未发生故障也应及时退休,以免造成更大的损失。

上述故障曲线形如一个浴盆,故称"浴盆曲线"。

任务 1.4　传感器信号处理电路

【活动情景】在检测系统中,传感器所感知、检测、转换和传递的信息需经过信号处理电路而表现为不同形式的电信号,因此传感器信号处理电路是自动检测系统的重要组成部分,也是传感器与 A/D(模拟量转换成数字量)或 D/A(数字量转换成模拟量)之间及执行机构之间的桥梁。传感器输出的信号往往是弱电信号,如热电偶输出电压是毫伏级,它必须经放大、滤波等信号处理变为工业仪表的标准信号。目前工业仪表通常采用 0(10 mA、4(20 mA 等标准信号,为了与 A/D 输出形式相适应,必须经 I/V 电路变换为 0(5V 或 1(5V 电压信号。同样,D/A 转换的输出也要经 V/I 电路变为电流信号。

【任务要求】掌握直流电桥和交流电桥的工作原理,学会连接单臂、双臂和全桥电桥及作灵敏度分析,学会根据信号特点选用合适的滤波器、放大器和转换电路。

【基本活动】

1.4.1　电桥电路

电桥的主要作用是把被测的非电量(或电量)转换成电阻、电容、电感的变化,再变成电流或电压的变化,它是测量系统中广泛使用的一种电路。根据电桥的供电电源不同,可分为直流电桥和交流电桥两种。图 1.6(a)和图 1.6(b)所示分别是传感器使用直流电桥的直流检测系统框图和使用交流电桥的交流检测系统框图。直流检测系统主要用于检测纯电阻的变化,如电阻应变仪、热电阻温度计等,也可用于检测直流电压的变化,如热电偶测温仪表等。交流检测系统主要用于检测阻抗的变化,振荡频率通常在 0.05~20 kHz。用于电容式传感器时,振荡频率可达 0.5 MHz。

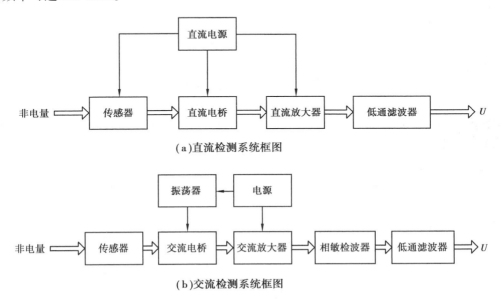

(a)直流检测系统框图

(b)交流检测系统框图

图 1.6　传感器信号检测系统框图

(1)直流电桥

图 1.7 所示为直流电桥基本电路。电桥各臂的电阻值分别为 R_1、R_2、R_3、R_4,是电桥直流电源电压,U_o 为电桥输出电压。

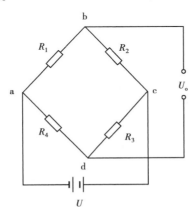

图 1.7　直流电桥基本电路

当电桥输出端有放大器时,由于放大器的输入阻抗很高,所以可以认为电桥的负载电阻为无穷大,输出电压为电桥输出端的开路电压。此时,桥路的分支电流为

$$I_1 = \frac{U}{R_1 + R_2} \tag{1.11}$$

$$I_2 = \frac{U}{R_3 + R_4} \tag{1.12}$$

b、a 之间和 d、a 之间的电位差为

$$U_{ba} = I_1 R_1 = \frac{R_1}{R_2 + R_2} U \tag{1.13}$$

$$U_{da} = I_2 R_4 = \frac{R_4}{R_3 + R_4} U \tag{1.14}$$

输出电压为

$$U_o = U_{ba} - U_{da} = \frac{R_1 R_3 - R_2 R_4}{(R_1 + R_2)(R_3 + R_4)} U \tag{1.15}$$

若电桥处于平衡,式(1.15)中输出电压为零,即 $R_1 R_3 = R_2 R_4$,这是初始平衡条件。根据此条件可分为以下三种情况。

①电桥四臂电阻都相等,即 $R_1 = R_2 = R_3 = R_4$,称为等臂电桥,此时只要电桥桥臂有一个电阻值发生变化,电桥就会失去平衡,输出电压 U_o 不为零。电阻应变片就是利用此原理来测量应力。

② $R_1 = R_2 = R, R_3 = R_4 = R$ 称为输出对称电桥。

③ $R_1 = R_3 = R, R_2 = R_4 = R$ 称为电源对称电桥。

假设电桥桥臂各电阻的变化值为 $\Delta R_1, \Delta R_2, \Delta R_3, \Delta R_4$,则电桥的输出为

$$U_o = \frac{(R_1 + \Delta R_1)(R_3 + \Delta R_3) - (R_2 + \Delta R_2)(R_4 + \Delta R_4)}{(R_1 + \Delta R_1 + R_2 + \Delta R_2)(R_3 + \Delta R_3 + R_4 + \Delta R_4)} U$$

若电桥桥臂初始电阻值相等,即 $R_1 = R_2 = R_3 = R_4 = R$,且 $\Delta R \ll R$,则输出电压为

$$U_o = \frac{U}{4R} (\Delta R_1 - \Delta R_2 + \Delta R_3 - \Delta R_4) \tag{1.16}$$

根据式(1.16)可知,相邻臂的符号相反,相对臂的符号相同,这就是电桥的加法特征。根据电桥的加法特征,通过适当的组桥可以提高测量灵敏度或消除温度等影响产生的不需要的电阻变化。

将电阻应变片接入电桥通常有三种接法:①如果一个电桥臂接入应变片,其他三个桥臂采用固定电阻,称为单臂电桥;②如果两个电桥臂接入应变片,称为双臂电桥,又称为半桥;③如果四个电桥臂都接入应变片,则称为全桥。

①单臂工作电桥。

若等臂电桥的一个臂接入应变片,即 $\Delta R_1 \neq 0, \Delta R_2 = \Delta R_3 = \Delta R_4 = 0$,代入式(1.16)得

$$U_o = \frac{U}{4} \frac{\Delta R_1}{R} \tag{1.17}$$

②双臂工作电桥。

若等臂电桥的两个臂接入应变片,其中一个应变片受压,另一个应变片受拉,即 $\Delta R_1 = -\Delta R_2$,其余两个为固定电阻,即 $\Delta R_3 = \Delta R_4 = 0$,代入式(1.16)得

$$U_o = \frac{U}{4} \frac{(\Delta R_1 - \Delta R_2)}{R} = \frac{U}{2} \frac{\Delta R_1}{R} \tag{1.18}$$

③全桥工作电桥。

若等臂电桥的四个桥臂都为应变片,且 $\Delta R_1 = -\Delta R_2 = \Delta R_3 = -\Delta R_4$,代入式(1.16)得

$$U_o = U \frac{\Delta R_1}{R} \tag{1.19}$$

依式(1.17)~式(1.19)可知,全桥电桥的灵敏度最高,输出电压最大。

直流电桥的优点是:所需的高稳定度直流电源较易获得;电桥输出 U_0 是直流,可以用直流仪表测量;对从传感器至测量仪表的连接导线要求较低;电桥的平衡电路简单。

直流电桥的缺点是:直流放大器比较复杂,易受零漂和接地电位的影响。

(2)交流电桥

当 U 为交流电源时,图1.7所对应的电桥电路为交流电桥,为适应电感、电容式传感器的需要,交流电桥的应用也很多。交流电桥通常采用正弦交流电压供电,在频率较高的情况下,需要考虑分布电容和分布电感的影响。

1)交流电桥的平衡条件

交流电桥的四个桥臂分别用阻抗 Z_1、Z_2、Z_3、Z_4 表示,它们可以是电感值、电容值或电阻值,其输出电压也是交流。设交流电桥的电源电压为

$$\dot{U} = U_m \sin \omega t \tag{1.20}$$

式中:U_m 为电源电压的幅值;ω 为电源电压的角频率;$\omega = 2\pi f$;f 为电源电压的频率;一般取被测应变最高频率的 5~10 倍。

此时交流电桥的输出电压为

$$\dot{U}_o = \frac{Z_1 Z_3 - Z_2 Z_4}{(Z_1 + Z_2)(Z_3 + Z_4)} \dot{U} = \frac{Z_1 Z_3 - Z_2 Z_4}{(Z_1 + Z_2)(Z_3 + Z_4)} = U_m \sin \omega t \tag{1.21}$$

所以交流电桥的平衡条件为

$$Z_1 Z_3 = Z_2 Z_4 \tag{1.22}$$

2)电阻交流电桥

应变片接入交流电桥,是一种纯电阻型的,电桥输出电压的幅值与应变的大小成正比,可以通过电桥输出电压的幅值来测量应变的大小。

一个单臂接入应变片的等臂电桥,即 $Z_1 = Z + \Delta Z$,$Z_2 = Z_3 = Z_4 = Z$,$\Delta Z \ll Z$ 时,根据式(1.21)可以得到电桥的输出电压为

$$\dot{U}_o = \frac{1}{4} \frac{\Delta Z}{Z} U_m \sin \omega t \tag{1.23}$$

如果相邻两桥臂接入差动变化的应变片,则为双臂差动电桥,其灵敏度提高一倍,输出电压增大一倍。

3)电感电桥

图1.8(a)所示为常用的电感电桥,两相邻臂为电感 L_1 和 L_2,另两臂为纯电阻 R_1 和 R_2,其中 R_1' 和 R_2' 为电感线圈的有功电阻。若设 Z_1 和 Z_2 为传感器阻抗,并且 $R_1' = R_2' = R'$,$L_1 = L_2 = L$,则有 $Z_1 = Z_2 = Z = R' + j\omega L$,另有 $R_1 = R_2 = R$。电桥接入差动电感式传感器,工作时,$Z_1 = Z + \Delta Z$ 和 $Z_2 = Z - \Delta Z$,当 $Z_L \to \infty$,$\omega L \gg R'$时,电桥输出电压为

$$\dot{U}_o = \frac{Z_1}{Z_1 + Z_2} \dot{U} - \frac{R_1}{R_1 + R_2} \dot{U} = \frac{\dot{U}}{2} \frac{\Delta Z}{Z} \approx \frac{\dot{U}}{2} \frac{\Delta L}{L} \tag{1.24}$$

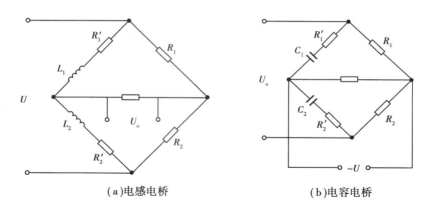

（a）电感电桥　　　　　　　　（b）电容电桥

图 1.8　电感电桥和电容电桥

由此可看出,交流电桥的输出电压与传感器线圈的电感相对变化量成正比。

4）电容电桥

图 1.8(b)所示为常用的电容电桥,两相邻桥臂为电容 C_1 和 C_2,另两臂为纯电阻 R_1 和 R_2,其中 R_1' 和 R_2' 为电容介质耗损电阻。若设 Z_1 和 Z_2 为传感器阻抗,并且 $R_1' = R_2' = R'$,$C_1 = C_2 = C$,则有,另有 $R_1 = R_2 = R$。由于电桥是双臂工作,所以电桥接入差动电容式传感器,$Z_1 = Z + \Delta Z$ 和 $Z_2 = Z - \Delta Z$,当 $Z_C \to \infty$ 时,电桥的输出电压为

$$\dot{U}_\circ = \frac{Z_1}{Z_1 + Z_2}\dot{U} - \frac{R_1}{R_1 + R_2}\dot{U} = \frac{\dot{U}}{2}\frac{\Delta Z}{Z} \tag{1.25}$$

当 $\omega \ll R'$ 时,式(1.25)可近似为

$$\dot{U}_\circ \approx \frac{\dot{U}}{2}\frac{\Delta C}{C}$$

由此可以看出交流电桥的输出电压与传感器的电容相对变化量成正比。

5）变压器电桥电路

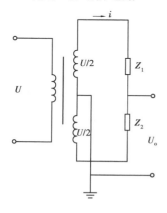

电感式传感器和电容式传感器的转换电路还经常采用变压器电桥,如图 1.9 所示。它的平衡臂为变压器的两个二次侧绕组,差动传感器的两差动电容或差动电感分别接在另两个臂,设其阻抗分别为 Z_1 和 Z_2,如果负载阻抗为无穷大,若由于被测量使传感器的阻抗发生了变化,即 $Z_1 = Z + \Delta Z$ 和 $|Z_2 = Z - \Delta Z|$,则有

$$\dot{U}_\circ = \dot{I} Z_2 - \frac{1}{2}\dot{U} = \frac{\dot{U}}{Z_1 + Z_2}Z_2 - \frac{1}{2}\dot{U} = \frac{\dot{U}}{2}\frac{\Delta Z}{Z} \tag{1.26}$$

由式(1.26)可以看出,输出电压反映了传感器线圈阻抗的变化。用差动式电容传感器组成电桥相邻两臂,当负载阻抗为无穷大时,电桥的输出电压为

图 1.9　变压器电桥电路

$$\dot{U}_\circ \approx \frac{\dot{U}}{2}\frac{C_1 - C_1}{C_1 + C_2} \tag{1.27}$$

式中,C_1、C_2 为差动电容传感器的两电容。

若此差动电容传感器为变间隙式,则电容 $C_1 = \dfrac{\varepsilon_0 \varepsilon A}{\delta - \Delta\delta}$,$C_2 = \dfrac{\varepsilon_0 \varepsilon A}{\delta + \Delta\delta}$,代入式(1.27)得

$$\dot{U}_o = \frac{\dot{U}}{2}\frac{\Delta\delta}{\delta} \qquad (1.28)$$

从式(1.28)可知,在电源激励电压恒定的情况下,电桥输出电压与电容传感器输入位移成正比。由于该输出电压无法反映位移的方向,相敏检波电路可识别方向,所以输出电压必须经后续放大并经相敏检波和滤波后才可由指示表显示位移的方向和大小。

1.4.2　信号放大电路

为了将微弱的传感器输出信号放大到足以进行各种转换处理或用以推动各种执行机构,必须要用放大电路放大信号。常见的放大器有差动放大器和电荷放大器。

（1）差动放大器

差动放大器是一种零点漂移十分微小的直流放大器,它常作为多级直流放大器的前置级,用以放大很微小的直流信号或缓慢变化的交流信号。

图1.10 所示是一种差动放大器电路,$R_1 = R_2 = R_3 = R_4 = 51$ kΩ,$R_5 = 5.1$ kΩ,$R_6 = 2$ kΩ,$W_1 = 510$ kΩ,$W_2 = 10$ kΩ,$C_1 = C_2 = 33$ μF,通频带为 0 ~ 10 kHz,增益为 1 ~ 100 倍,可接成同相、反相、差动结构。

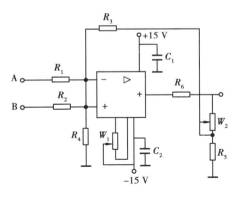

图 1.10　差动放大器

如果输入信号接在 A、B 两点之间,则放大器工作于双端输入的差动状态。如果输入信号接在 A 点与地之间,而 B 点接地,则差动放大器工作于单端输入的反相状态。如果输入信号接在 B 点与地之间,而 A 点接地,则差动放大器工作于单端输入同相状态。

（2）电荷放大器

电荷放大器用于放大压电传感器的输出信号。电荷放大器是一个具有反馈电容 C_1 的高增益运算放大器电路,如图 1.11 所示。它把压电传感器的输出信号放大并将高输出阻抗变换成低阻抗输出,输出电压与输入电荷成正比。图 1.11 中,C_a 为压电传感器的等效电容,C_c 为连接电缆的等效电容,C_i 为电荷放大器的输入电容,C_f 为反馈电容,R_f 为反馈电阻。

电荷放大器的输出电压为

$$U_o = \frac{-qA}{C_a + C_c + C_i + C_f(A + 1)} \qquad (1.29)$$

当放大器开环增益 A 和输入电阻 R、反馈电阻 R_f 相当大,$A \gg 1$ 时,放大器的输出电压 U_o 正比于输入电荷 q,反比于反馈电容 C_f,即

$$U_o \approx \left| \frac{q}{C_f} \right| \qquad\qquad (1.30)$$

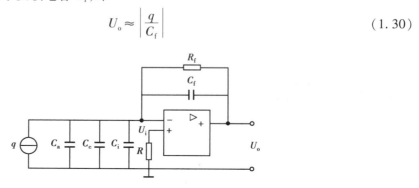

图 1.11　电荷放大器原理图

电荷放大器仅与输入电荷 q 和反馈电容 C_f 有关,与电缆电容 C_c 无关。当反馈电容 C_f 数值不变时,就可得到与电荷变化呈线性关系的输出电压。反馈电容 C_f 小,则输出电压大,所以要达到一定的输出灵敏度要求,就必须选择适当的反馈电容。

1.4.3　信号滤波电路

传感器输出的信号通常要进行滤波,滤去不必要的高频或低频信号,或为了取得某特定频段的信号。例如,在机械加工中常常要用电动轮廓仪测量零件的表面光洁度。测量过程中,轮廓仪的电感式传感器测针划过被测表面,输出与表面形状相似的电压信号,如图 1.12(a)所示。图 1.12(b)所示电压信号除了反映零件表面光洁度信号外,还含有电气噪声干扰信号。为了最终获得代表表面光洁度的信号输出,必定将传感器输出的信号进行滤波。

(a)零件的表面光洁度测量　　　　　　**(b)电感传感器测量信号**

图 1.12　零件的表面光洁度测量

根据滤波器选频作用的不同,分为低通滤波器、高通滤波器、带通滤波器和带阻滤波器 4 种类型。低通滤波器用于通过低频信号,抑制或衰减高频信号;高通滤波器与低通滤波器相反,它允许高频信号通过,抑制或衰减低频信号;带通滤波器只允许通过某一频段的信号,而在此频段以外的信号将被抑制或衰减;带阻滤波器允许频率低于某一频段的下限截止频率和高于上限截止频率的信号通过。滤波器的设计有专门的书籍进行论述,这里仅介绍常见的一阶低通滤波器电路。

一阶低通滤波器电路的原理如图 1.13 所示,图中 R_1、R_5 组成比例放大器,带通电压增益 A_0 等于比例放大器的电压增益,R_6、C_4 组成 RC 滤波器。在低频段,由于 C_1、C_2 的容抗非常大,输入信号经过 R_2、R_3、W_1 直接传入放大器,电压传输系数约为 1;在高频段,由于 C_1、C_2 的容抗非常小,输入信号经过 C_1、C_2 传入放大器,电压传输系数也约为 1。只有当信号频率 f 等于它的特征频率时,阻抗变得非常大,电压传输系数约为 0。

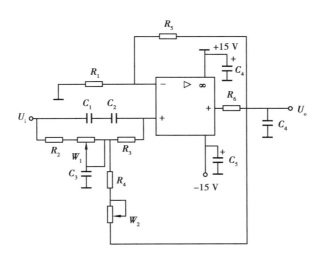

图 1.13　一阶低通滤波器

R_6、C_4 组成 RC 滤波器的传递函数为

$$H(\omega) = \frac{1}{1 + j2\pi f \tau} \tag{1.31}$$

式中，$f = \dfrac{1}{2\pi R_6 C_4}$ 为转折频率，在 $f \leqslant \dfrac{1}{2\pi R_6 C_4}$ 时，信号不衰减通过。

1.4.4　信号转换电路

各种非电量经传感器转换后的电量形式有电阻、电感、电容、电压、频率和相位等，而在自动检测系统中，希望传感器和仪表之间以及仪表和仪表之间的信号传送均采用统一的标准信号，可使仪表通用化，便于检测。输出非标准信号的传感器可以靠非标准信号转换成标准信号，不同标准信号也可以借助相应的转换电路转换。例如，4～20 mA 与 0～5 V 之间的转换。常用的信号转换有电压与电流转换、电压与频率转换。

（1）电压与电流转换

目前实现 0～5 V、0～10 V 电压与 0～10 mA、4～20 mA 电流转换，可采用集成电压/电流转换电路来现，如 AD693、AD694、XTR110 等。有关它们引脚的接法可参考有关资料。

（2）电压与频率转换

有些传感器敏感元件输出的信号为频率信号，如涡轮流量计，有时为了和其他标准信号接口显示仪表配套，需要把频率转换成电压。目前实现电压/频率转换的方法很多，主要有积分复原型和电荷平衡型两种方法，这两种方法的工作原理可参考相关资料。积分复原型转换器主要用于精度要求不高的场合。电荷平衡型转换器精度较高，频率输出可较严格地与输入电流成正比例，目前大多数的集成 V/F 转换器均采用这种方法。V/F 转换器常用的集成芯片主要有 VFC32 和 LM31 系列。

LM31 系列是美国国家半导体公司生产的，适合于 V/F 转换和 A/D 转换。LM31 系列的工作原理框图如图 1.14 所示，下面介绍它用做 V/F 转换的工作原理。当 2 脚接后，内部电流源产生的电流 I_s 为 50～500 μA，其计算公式为

$$I_S = \frac{1.9\ V}{R_S} \tag{1.32}$$

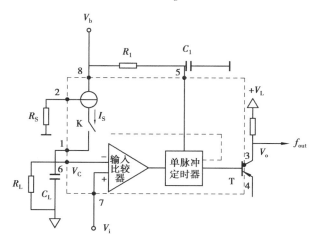

图 1.14　LM31 系列功能图

当输入比较器 $V_+ > V_-$，即 $V_i > V_C$ 时，启动单脉冲定时器产生脉冲宽度为 t_{os} 的脉冲，在 t_{os} 期间，开关 K 导通，电流 I_S 对 C_L 充电，使 V_C 上升，在 t_{os} 结束时，开关 K 断开，C_L 通过 R_L 放电，使 V_C 下降。当放电过程持续一段时间，V_C 下降到小于 V_i 时，输入比较器再次启动，单脉冲定时器又产生一个宽为 t_{os} 的脉冲，开关 K 再次闭合，C_L 充电，如此循环，3 脚输出脉宽为 t_{os}、周期为 T 的方波。

任务 1.5　抗干扰技术

【活动情景】在传感器电路的信号传递中，所出现的与被测量无关的随机信号被称为噪声。在信号提取与传递中，噪声信号常叠加在有用信号上，使有用信号发生畸变而造成测量误差，严重时甚至会将有用信号淹没，使测量工作无法正常进行，这种由噪声所造成的不良效应被称为干扰。而传感器或检测装置需要在各种不同的环境中工作，于是噪声与干扰不可避免地要作为一种输入信号进入传感器与检测系统中。因此系统就必然会受到各种外界因素和内在因素的干扰。为了减小测量误差，在传感器及检测系统的设计与使用过程中，应尽量减小或消除有关影响因素的作用。

【任务要求】掌握常用的抗干扰措施。

【基本活动】

1.5.1　干扰的类型和要素

常见的干扰有机械干扰（振动和冲击）、热干扰（温度与湿度变化）、光干扰（其他无关波长的光）、化学干扰（酸/碱/盐及腐蚀性气体）、电磁干扰（电/磁场感应）、辐射干扰（气体电离、半导体被激发、金属逸出电子）等。

对由传感器形成的测量装置而言，形成噪声干扰通常有 3 个要素：噪声源、通道（噪声源到接收电路之间的耦合通道）、接收电路。

按照噪声产生的来源，噪声可分为两种：

①内部噪声。内部噪声是由传感器或检测电路元件内部带电微粒的无规则运动产生的,例如热噪声、散粒噪声以及接触不良引起的噪声等。

②外部噪声。外部噪声则是由传感器检测系统外部人为或自然干扰造成的。外部噪声的来源主要为电磁辐射,当电机、开关及其他电子设备工作时会产生电磁辐射,雷电、大气电离及其他自然现象也会产生电磁辐射。在检测系统中,由于元件之间或电路之间存在着分布电容或电磁场,因而容易产生寄生耦合现象。在寄生耦合的作用下,电场、磁场及电磁波就会引入检测系统,干扰电路的正常工作。

1.5.2　干扰控制的方法

根据噪声干扰必须具备的 3 个要素,检测装置的干扰控制方式主要有 3 种:消除或抑制干扰源;阻断或减弱干扰的耦合通道或传输途径;削弱接收电路对干扰的灵敏度。以上 3 种措施比较起来,消除干扰源是最有效、最彻底的方法,但在实际中是很难完全消除的。削弱接收电路对干扰的灵敏度可通过电子线路板的合理布局,如输入电路采用对称结构、信号的数字传输、信号传输线采用双绞线等措施来实现。干扰噪声的控制就是如何阻断干扰的传输途径和耦合通道。检测装置的干扰噪声控制方法常采用屏蔽技术、接地技术、隔离技术、滤波器等硬件抗干扰措施,以及冗余技术、陷阱技术等微机软件抗干扰措施。对其他种类的干扰可采用隔热、密封、隔振及蔽光等措施,或在转换为电量后对干扰进行分离或抑制。

（1）屏蔽

屏蔽就是用低电阻材料或磁性材料把元件、传输导线、电路及组合件包围起来,以隔离内外电磁或电场的相互干扰。屏蔽可分为 3 种,即电场屏蔽、磁场屏蔽及电磁屏蔽。电场屏蔽主要用来防止元件或电路间因分布电容耦合形成的干扰。磁场屏蔽主要用来消除元件或电路间因磁场寄生耦合产生的干扰,磁场屏蔽的材料一般都选用高磁导系数的磁性材料。电磁屏蔽主要用来防止高频磁场的干扰。电磁屏蔽的材料应选用导电率较高的材料,如铜、银等,利用电磁场在屏蔽金属内部产生涡流而起到屏蔽作用。电磁屏蔽的屏蔽体可以不接地,但一般为防止分布电容的影响,可以使电磁的屏蔽体接地,起到兼有电场屏蔽的作用。电场屏蔽体必须可靠接地。

（2）接地

电路或传感器中的地指的是一个等电位点,它是电路或传感器的基准电位点,与基准电位点相连就是接地。如图 1.15 所示为单级电路的一点接地,图 1.16 所示为多级电路的一点接地。传感器或电路接地,是为了清除电流流经公共地线阻抗时产生的噪声电压,也可以避免受磁场或地电位差的影响。把接地和屏蔽正确结合起来使用,就可抑制大部分的噪声。

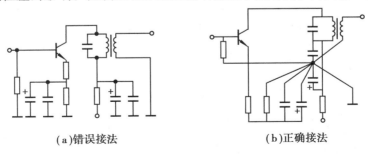

　　（a）错误接法　　　　　　　　　　　　　（b）正确接法

图 1.15　单级电路的一点接地

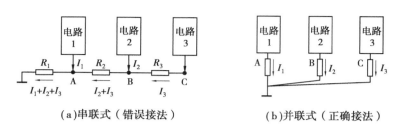

（a）串联式（错误接法）　　　（b)并联式（正确接法）

图 1.16　多级电路的一点接地

（3）隔离

前后两个电路信号端直接连接,容易形成环路电流,引起噪声干扰。这时,常采用隔离的方法,把两个电路的信号端从电路上隔开。隔离的方法主要采用变压器隔离和光电耦合器隔离。如图 1.17 所示,在两个电路之间加入隔离变压器可以切断地环路,实现前后电路的隔离,变压器隔离只适用于交流电路。在直流或超低频测量系统中,常采用光电耦合的方法实现电路的隔离。

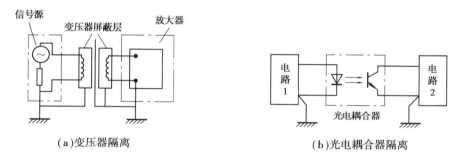

（a)变压器隔离　　　　　　　　（b)光电耦合器隔离

图 1.17　变压器隔离和光电耦合器隔离

（4）滤波

滤波电路或滤波器是一种能使某一种频率顺利通过而另一部分频率受到较大衰减的装置。因传感器的输出信号大多是缓慢变化的,因而对传感器输出信号的滤波常采用有源低通滤波器,即它只允许低频信号通过而不能通过高频信号。常采用的方法是在运算放大器的同相端接入一阶或二阶 RC 有源低通滤波器,使干扰的高频信号滤除,而有用的低频信号顺利通过;反之,在输入端接高通滤波器,将低频干扰滤除,使高频有用信号顺利通过。

除了上述滤波器外,有时还要使用带通滤波器和带阻滤波器。带通滤波器的作用是只允许某一频带内的信号通过,而比通频带下限频率低和比上限频率高的信号都被阻断,它常用于从众多信号中获取所需要的信号,而使干扰信号被滤除。带阻滤波器和带通滤波器相反,在规定的频带内,信号不能通过,而在其余频率范围,信号则能顺利通过。总之,由于不同检测系统的需要,应选用不同的滤波电路。

项目小结

本项目主要介绍有关测量的基本知识、传感器的一般特性、信号处理与变化及抗干扰等内容。它们是学习后面有关章节内容的初步基础。传感器在检测中首先感受被测量并将它转换成与被测量有确定对应关系的电量的器件,它是检测和控制系统中最关键的部分。

传感器的性能由传感器的静态特性和动态特性来评价。传感器的静态特性是指传感器变换的被测量的数值处在稳定状态时,传感器的输出与输入之间的关系。传感器的静态技术指标包括灵敏度、线性度、迟滞和重复性等。

信号处理与变换技术主要介绍了测量电路、信号放大、信号滤波、信号转换、隔离、模–数转换等。传感器的信号放大多采用集成运算放大器,常见的放大器有差动放大器、电荷放大器,实现了将微弱的传感器输出信号放大到足以进行各种转换处理或用以推动各种执行机构的功能。

传感器输出的信号通常要进行滤波,滤去不必要的高频或低频信号,或为了取得某特定频段的信号。根据滤波器选频作用的不同,分为低通滤波器,高通滤波器,带通滤波器和带阻滤波器4种类型。低通滤波器用于通过低频信号,抑制或衰减高频信号;高通滤波器与低通滤波器相反,它允许高频信号通过,抑制或衰减低频信号;带通滤波器只允许通过某一频段的信号,而在此频段以外的信号将被抑制或衰减;带阻滤波器允许频率低于某一频段的下限截止频率和高于上限截止频率的信号通过。

在自动检测系统中,希望传感器和仪表之间以及仪表和仪表之间的信号传送均采用统一的标准信号,可使仪表通用化,便于检测。输出非标准信号的传感器可以靠非标准信号转换成标准信号,不同标准信号也可以借助相应的转换电路转换。常用的信号转换有电压与电流转换、电压与频率转换。

模-数转换器用于实现模拟量-数字量的转换,数-模转换器就是将离散的数字量转换为连续变化的模拟量。

干扰是指有用信号以外对系统的正常工作产生不良影响的内部或外部因素的总称。干扰的形成包括3个要素:干扰源、传播途径和接受载体。各种干扰源对检测系统产生的干扰,必然通过各种耦合通道进入测量装置。抗干扰技术就是针对3个要素的研究和处理。抑制干扰的措施很多,主要包括屏蔽、隔离、滤波、接地和软件处理等方法。

知识拓展

(1)传感器静态标准条件

传感器静态标准条件是指在没有加速度、振动、冲击(除非这些参数本身就是被测物理量)及环境温度一般为室温(20 ± 5 ℃)、相对湿度不大于85%,大气压力为101 ± 7 kPa的情况。

(2)传感器标定仪器设备精确度等级的确定

对传感器进行标定,是根据试验数据确定传感器的各项性能指标,实际上也是确定传感器的测量精度。

标定传感器时,所用的测量仪器的精确度至少要比被标定的传感器的精确度高一个等级。这样,通过标定确定的传感器的静态性能指标才是可靠的,所确定的精确度才是可信的。

(3)传感器的选用

传感器的型号、品种繁多,即使是测量同一对象,可选用的传感器也较多。如何根据测试目的和实际条件,正确合理地选用传感器,是一个需要认真考虑的问题。选择传感器主要考虑其静态特性、动态响应特性和测量方式等方面的问题,而静态特性又包括灵敏度、线性度、精度等指标,动态响应特性包括稳定性、快速性等指标。

1)灵敏度

一般来说,传感器灵敏度越高越好,因为灵敏度越高,意味着传感器所能感知的变化量越小。但是,在确定灵敏度时,还要考虑以下几个问题:

①当传感器的灵敏度过高时,对干扰信号也会太敏感。因此,为了既能使传感器检测到有用的微小信号,又能使噪声干扰小,要求传感器的信噪比(S/N)越大越好。

②与灵敏度紧密相关的是量程范围。过高的灵敏度会影响其适用的测量范围。

③当被测量是向量时,如果是一个单向量,就要求传感器单向灵敏度越高越好,而横向灵敏度越低越好;如果被测量是二维或三维的向量,那么还应要求传感器的交叉灵敏度越小越好。

2)准确度和精密度

衡量测量结果好坏常用精确度来表示。精确度包括准确度和精密度。精密度指在同一条件下进行重复测量时,所得结果之间的差别程度,也称为重复性。传感器的随机误差小,精密度高,但不一定准确。

准确度是指测量结果与实际数值的偏离程度。同样,准确度高的传感器不一定精密。在选用传感器时,要着重考虑精密度,因为准确度可用某种方法进行补偿,精密度是传感器本身固有的。

3)动态范围和直线性

动态范围是由传感器本身决定的,直线性和非线性相对应。若配用一般测量电路,直线性很重要;若用微型计算机进行数据处理,则动态范围需要重点考虑。即使非线性很严重,也可用计算机等对其进行线性化处理。

4)响应速度和滞后性

对所有的传感器,希望其动态响应快,时间滞后少,但这类传感器的价格相应就会偏高一些。

5)稳定性

影响传感器稳定性的因素是时间与环境。在选择传感器时,一般应注意两个问题。一是根据环境条件选择传感器。例如,选择电阻应变式传感器时,应考虑到温度会影响其绝缘性,温度会产生零漂,长期使用会产生蠕动现象等。又如,对变极距型电容式传感器,环境温度的影响或油剂侵入间隙,会改变电容器的介质;光电传感器的感光表面有尘埃或水汽时,会改变感光性质。二是工作环境,尤其是工业环境往往有各种干扰。一般希望能经受住高低温、湿度、磁场、电场、辐射、振动、冲击等恶劣环境的考验,但都有一定的适应限度。这一条往往成为选择传感器的关键。要创造或保持一个良好的环境,在要求传感器长期工作而不需经常更换或校准的情况下,应对传感器的稳定性有严格的要求。

6)测量方式

传感器在实际条件下的工作方式,也是选择传感器时应考虑的重要因素。例如,接触与非接触测量、破坏与非破坏性测量、在线与非在线测量等,条件不同,对测量方式的要求也不同。

在机械系统中,对运动部件的被测参数(如回转轴的误差、振动、扭矩等),往往采用非接触测量方式。因为对运动部件采用接触测量时,有许多实际困难,如测量头的磨损、接触状态的变动、信号的采集等问题都不易妥善解决,容易造成测量误差。这种情况下采用电容式、涡流式、光电式等非接触式传感器就很方便;若选用电阻应变片,则需要配备遥测应变仪。

在某些条件下,可以运用试件进行模拟实验,这时可进行破坏性检验。然而有时无法用试件模拟,因被测对象本身就是产品或构件,这时宜采用非破坏性检验方法,例如涡流探伤、超声波探伤、核辐射探伤以及声发射检测等。非破坏性检验可以直接获得经济效益,因此应尽可能选用非破坏性检测方法。

在线测试是与实际情况保持一致的测试方法。特别是对自动化过程的控制与检测系统,往往要求真实性与可靠性,必须在现场条件下才能达到检测要求。实现在线检测是比较困难的,对传感器与测试系统都有一定的特殊要求。例如,在加工过程中实现表面粗糙度的检测,以往的光切法、干涉法、触针法等都无法运用,取而代之的是激光、光纤或图像检测法。

7)其他方面

互换性是指传感器性能的一致性。值得指出的是,大多数传感器的性能一致性不理想,在修理或调换时要特别注意。

传感器使用一段时间后,会出现所谓老化现象,性能有所变化;或者即便无输入信号或输入信号不变,传感器的输出也会有某些变化,这都影响传感器的可靠性,故要定期对其进行检验。

另外,传感器的输出信号形式也是必须考虑的。输出信号要和变送器(测量电路)相适应。若用微型计算机测量,最好选用脉冲输出型,这样可省去 A/D 转换器;若现场距仪表室较远,最好选用可以长距离传输而抗干扰能力强的电流输出型。输出电流国际上规定为 4 ~ 20 mA,信号为 0 时对应 4 mA,满输出时对应 20 mA;国内还有用 0 ~ 10 mA 的。

传感器及其应用是一门不断前进的实用科学技术。传感器的灵活性、可选择性极强。新传感器层出不穷,新的测量技术日新月异,选好用好传感器是科学工作者和广大用户努力追求的目标。

思考与练习

(1)测量的定义及其内容是什么?

(2)试述误差的定义及分类。

(3)欲测 240 V 左右的电压,要求测量示值相对误差的绝对值不大于 0.6%,问:若选用量程为 250 V 的电压表,其精度应选哪一级? 若选用量程为 300 V 和 500 V 的电压表,其精度又应分别选哪一级?

(4)传感器输出信号有哪些特点?

(5)传感器测量电路的主要作用是什么?

(6)传感器测量电路有哪些类型,其主要功能是什么?

(7)传感器有哪些性能指标?

(8)为什么要对传感器测量电路采取抗干扰措施?

(9)测量装置常见的噪声干扰有哪几种? 通常可采用哪些措施?

项目 **2**

电阻式传感器及应用

【项目描述】将被测非电量(如应变、位移、温度、湿度等)的变化转换成导电材料的电阻变化的装置,称为电阻式传感器。

在物理学中已经阐明,导电材料的电阻不仅与材料的类型、几何尺寸有关,还与变形、温度和湿度等因素有关。同时指出,不同导电材料,对同一非电物理量的敏感程度不同,甚至差别很大。因而,利用某种导电材料的电阻对某一非电物理量具有较强的敏感特性,即可制成测量该物理量的电阻式传感器。本项目主要介绍电阻应变式、电位器式、热电阻式传感器。

【学习目标】了解应变式力、压力和加速度传感器的组成与工作原理;掌握电阻应变片的工作特性、参数及温度误差补偿方法;了解普通工业用热电阻式传感器的简单结构;掌握常用热电阻的工作原理、种类、特点和测温范围;了解负温度系数热敏电阻的主要参数;掌握热敏电阻 3 种类型的特点及各自的适用范围。

【技能目标】根据不同待测信号的特性,灵活选择测量方案;熟练掌握热电阻式的工作原理;电阻应变仪的组成和使用方法;多功能气体传感器的应用。

任务 2.1　电阻应变片传感器

【活动情景】首先我们做这样一个较简单的实验:取一根细电阻丝,两端接上一台数字式欧姆表,记下其初始阻值。当我们用力将该电阻丝拉长时,会发现其阻值略有增加。测量应力、应变、力的电阻应变片传感器就是利用类似的原理制作的。

电阻应变式传感器是一种利用电阻应变片(或弹性敏感元件)将应变或应力转换为电阻的传感器。任何非电量只要能设法变换为应变,都可以利用电阻应变片进行电测量。电阻应变片传感器由电阻应变片和测量电路两大部分组成。

【任务要求】通过电阻应变片原理的学习,掌握电阻应变片的粘贴方法、测量转换电路及温度误差补偿方法,利用电阻传感器测量应变、压力、加速度和荷重。

【基本活动】

2.1.1　电阻应变片

（1）应力和应变的基本概念

由材料力学知识可知,构件（或杆件）在外力作用下发生变形的同时,在构件内部截面上将产生一种相互作用力,称为内力,用 N 表示。在工程技术上通常将单位截面（S）上的内力称为应力,用 σ 表示,即 $\sigma = N/S$。而在研究构件的变形时又将单位长度的变形称为相对变形或应变,用 ε 表示。在弹性范围内,应力与应变成正比的比例常数称为材料的弹性模量,用 E 表示,即 $\sigma = E\varepsilon$ 或 $\varepsilon = \dfrac{\sigma}{E} = \dfrac{N}{ES}$,称为拉压胡克定律。

（2）基本工作原理

导体或半导体材料在外力的作用下产生机械变形时,其电阻值亦将发生变化,这种现象称为电阻应变效应。根据这种效应可将应变片粘贴在被测材料上,这样被测材料受到外力作用所产生的应变就会传送到应变片上,使应变片的电阻值发生变化,通过测量应变片电阻值的变化就可得到被测量的大小。

如图 2.1 所示为导体的电阻应变效应原理图。设该导体的初始长度为 L,截面半径为 r,电阻率为 ρ,其电阻值 R 为

$$R = \rho \frac{L}{S} = \rho \frac{L}{\pi r^2} \tag{2.1}$$

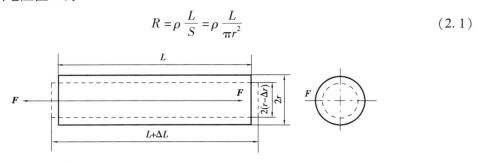

图 2.1　导体的电阻应变效应原理图

由理论分析和大量实验证明,当导体两端承受外力 F 作用时,则其几何尺寸和电阻率都将发生变化,从而引起电阻值的变化。在电阻丝拉伸极限内,电阻的相对变化与应变成正比,而应变和应力成正比,从而实现了利用应变片测量应变的目的。

2.1.2　应变片的结构形式、类型与粘贴方法

（1）应变片的结构形式

电阻丝应变片是用直径约为 0.025 mm 的具有高电阻率的电阻丝制成的,如图 2.2 所示。为了获得高的电阻值,电阻丝排成栅网状,并粘贴在绝缘的基片上,电阻丝的两端焊接有引出导线,线栅上面粘贴有覆盖层（保护用）。

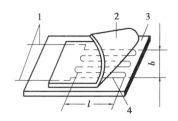

图 2.2　电阻丝应变片结构示意图
1—引出线;2—覆盖层;3—基片;4—电阻丝

（2）应变片的类型

应变片可分为金属应变片及半导体应变片两大类。前者可分成金属丝式、金属箔式、半导体应变片式 3 种。图 2.3 所示为几种不同类型的电阻应变片。

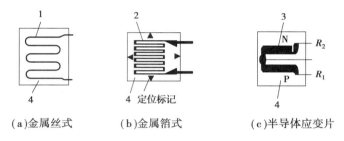

（a）金属丝式　　　（b）金属箔式　　　（c）半导体应变片

图 2.3　几种不同类型的电阻应变片
1—电阻丝;2—金属箔;3—半导体;4—基片

金属丝式应变片使用最早,有纸基、胶基之分。由于金属丝式应变片蠕变较大,金属丝易脱胶,有逐渐被箔式所取代的趋势。但其价格便宜,多用于要求不高的应变、应力的大批量、一次性试验。

金属箔式应变片中的箔栅是金属箔通过光刻、腐蚀等工艺制成的。箔的材料多为电阻率高、热稳定性好的铜镍合金(康铜)。箔的厚度一般为 0.001 ~ 0.005 mm,箔栅的尺寸、形状可以按使用者的需要制作,图 2.3（b）就是其中的一种。由于金属箔式应变片与片基的接触面积比丝式大得多,所以散热条件好,可允许流过较大的电流,而且在长时间测量时的蠕变也较小。箔式应变片的一致性较好,适合于大批量生产,目前广泛用于各种应变式传感器的制造中。

半导体应变片是用半导体材料作敏感栅而制成的。当它受力时,电阻率随应力的变化而变化。它的主要优点是灵敏度高(灵敏度比金属丝式、箔式大几十倍),缺点是灵敏度的一致性差、温漂大、电阻与应变间非线性严重。在使用时,须采用温度补偿及非线性补偿措施。图 2.3（c）中 N 型和 P 型半导体在受到拉力时,一个电阻值增加,一个减小,可构成双臂半桥,同时又可产生温度自补偿功能。

（3）应变片的粘贴方法

应变片是通过黏合剂粘贴到试件上的。黏合剂的种类很多,选用时要根据基片材料、工作温度、潮湿程度、稳定性、是否加温加压、粘贴时间等多种因素综合考虑予以合理选择。

应变片的粘贴质量直接影响应变测量的精度,必须十分注意。应变片的粘贴工艺包括:试件贴片处的表面处理,贴片位置的确定,应变片的粘贴、固化,引出线的焊接及保护处理等。现将粘贴工艺简述如下:

①试件表面的处理。为了保证一定的黏合强度,必须将试件表面处理干净,清除杂质、油污及表面氧化层等。粘贴表面应保持平整和表面光滑;最好在表面打光后,采用喷砂处理。面积约为应变片的 3~5 倍。

②确定贴片位置。在应变片上标出敏感栅的纵、横向中心线,在试件上按照测量要求画出中心线。精密度要求高时可以用光学投影方法来确定贴片位置。

③粘贴。首先用甲苯、四氯化碳等溶剂清洗试件表面。如果条件允许,也可采用超声清洗。应变片的底面也要用溶剂清洗干净,然后在试件表面和应变片的底面各涂一层薄而均匀的树脂等。贴片后,在应变片上盖一张聚乙烯塑料薄膜并加压,将多余的胶水和气泡排出,加压时要注意防止应变片错位。

④固化。贴好后,根据所使用的黏合剂的固化工艺要求进行固化处理和时效处理。

⑤粘贴质量检查。检查粘贴位置是否正确,黏合层是否有气泡和漏贴,敏感栅是否有短路和断路现象,以及敏感栅的绝缘性能是否良好等。

⑥引线的焊接与防护。检查合格后即可焊接引出线。引出导线要用柔软、不易老化的胶合物适当地加以固定,以防止导线摆动时折断应变片的引线。然后在应变片上涂一层柔软的防护层,以防止大气对应变片的侵蚀,保证应变片长期工作的稳定性。

2.1.3　测量转换电路

金属应变片的电阻变化范围很小,如果直接用欧姆表测量其电阻值的变化将十分困难,而且由于温度等各种因素的影响,使得单片测量结果误差很大。为了显示或记录应变的大小,提高测量灵敏度和精度,以及获得较为理想的补偿效果,一般均采用不平衡电桥测量电路,如图 2.4 所示。电桥的一个对角线节点接入电源电压 U_i,另一个对角线节点为输出电压 U_o。为使电桥在测量前的输出电压为零,应该选择 4 个桥臂电阻,使 $R_1 R_3 = R_2 R_4$ 或 $R_1/R_2 = R_4/R_3$,这就是电桥平衡的条件。

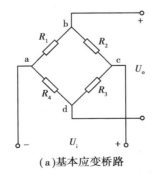
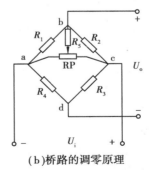

(a)基本应变桥路　　　　(b)桥路的调零原理

图 2.4　桥式测量转换电路

当每个桥臂电阻变化值 $\Delta R \ll R_i$,且电桥输出端的负载电阻为无限大时为全等臂形式工作,即 $R_1 = R_2 = R_3 = R_4$(初始值)时,电桥输出电压可用式(2.2)近似表示(误差小于 5%)为

$$U_o = \frac{U_i}{4}\left(\frac{\Delta R_1}{R_1} - \frac{\Delta R_2}{R_2} + \frac{\Delta R_3}{R_3} - \frac{\Delta R_4}{R_4}\right) \qquad (2.2)$$

由于 $\Delta R/R = K\varepsilon$,当各桥臂应变片的灵敏度 K 都相同时

$$U_o = \frac{U_i}{4}K(\varepsilon_1 - \varepsilon_2 + \varepsilon_3 - \varepsilon_4) \qquad (2.3)$$

根据不同的要求,应变电桥有不同的工作方式:

①单臂半桥工作方式(即 R_1 为应变片,R_2、R_3、R_4 为固定电阻,$\Delta R_2 \sim \Delta R_4$ 均为零);

②双臂半桥工作方式(即 R_1、R_2 为应变片,R_3、R_4 为固定电阻,$\Delta R_3 = \Delta R_4 = 0$);

③全桥工作方式(即电桥的 4 个桥臂都为应变片)。

2.1.4 应变片的温度误差及补偿

(1)应变片的温度误差

电阻应变片传感器是靠电阻值来度量应变的,所以希望它的电阻只随应变而变,不受任何其他因素影响。实际上,虽然用作电阻丝材料的铜,康铜温度系数很小 $[\alpha = (2.5 \sim 5.0) \times 10^{-5}/℃]$,但与所测应变电阻的变化比较,仍属同一量级,如不补偿,会引起很大误差。这种由于测量现场环境温度的变化而给测量带来的误差,称之为应变片的温度误差。造成温度误差的原因主要有以下两个方面:

①敏感栅的金属丝电阻本身随温度变化;

②试件材料与应变片材料的线膨胀系数不一致,使应变片产生附加变形,从而造成电阻变化。

另外,温度变化也会影响粘接剂传递变形的能力,从而对应变片的工作特性产生影响,过高的温度甚至使粘接剂软化而使其完全丧失传递变形的能力,同时也会造成测量误差,但以上述两个原因为主。

(2)电阻应变片的温度补偿方法

应变片的温度补偿方法通常有两种,即线路补偿和应变片自补偿。

①线路补偿。最常用和效果较好的是电桥补偿法。测量时,在被测试件上安装工作应变片,而在另外一个不受力的补偿件上安装一个完全相同的应变片称为补偿片,补偿件的材料与被测试件的材料相同,且使其与被测试件处于完全相同的温度场中,然后再将两者接入电桥的相邻桥臂上,如图 2.5 所示。当温度变化使测量片电阻变化时,补偿片电阻也发生同样变化,用补偿片的温度效应来抵消测量片的温度效应,输出信号也就不受温度影响。

如图 2.5(a)所示为单臂电桥,R_1 为测量片,贴在传感器弹性元件表面上,R_B 为补偿片,贴在不受应变作用的试件上,并放在弹性元件附近,R_3、R_4 为配接精密电阻,通常取 $R_1 = R_B$,$R_3 = R_4$,在不测应变时电路平衡,即 $R_1 R_3 = R_B R_4$,输出电压为零。当电阻由于温度变化由 R_1 变为 $R_1 + \Delta R_1$ 时,电阻 R_B 变为 $R_B + \Delta R_B$,由于 R_1 与 R_B 的温度效应相同,即 $\Delta R_1 = \Delta R_B$,所以温度变化后电路仍呈平衡,$(R_1 + \Delta R_1)R_3 = (R_B + \Delta R_B)R_4$,此时输出电压为零。

当 R_1 有应变时,将打破桥路平衡,产生输出电压,但其温度误差依然受到补偿。故输出只反应纯应变量的大小。

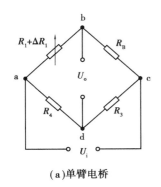 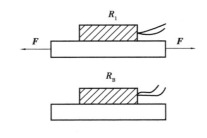

(a)单臂电桥　　　　　　　(b)温度补偿应变片（R_1—工作应变片；R_B—补偿应变片）

图 2.5　电桥补偿法

在传感器的实际测量中,多采用双臂电桥或全桥,其中一个(对)为正应变(受拉),另一个(对)为负应变(受压),如图 2.6 所示,并将其接在电桥两个相邻的桥臂上。这样的电路不但补偿了温度效应,而且可以得到较大的输出信号。

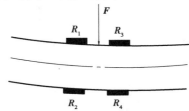

图 2.6　全桥补偿法

②应变片自补偿。这种补偿法是利用自身具有补偿作用的应变片（称为温度自补偿应变片）来补偿的。这种自补偿应变片制造简单,成本较低,但必须在特定的构件材料上才能使用,不同材料试件必须用不同的应变片。

【技能训练】本任务归根结底就是把应变片作为敏感元件来测量应变以外的物理量,如力、扭矩、加速度和压力等。把应变片粘贴到传感器的受力结构(弹性元件)上,使该应变片上的应变与被测量成比例,从而实现检测。

（1）利用全桥电路测量桥梁的上下表面应变

如图 2.7 所示,将应变片对称的粘贴在桥梁的上下表面,设起始应变片的电阻 $R_1 = R_2 = R_3 = R_4 = R$,当桥梁上受到外力作用时,$R_1$、$R_3$ 与 R_2、R_4 感受到的应变绝对值相等、符号相反。每一应变片电阻变化为? R,则电桥输出为

$$U_o = \frac{\Delta R}{R} U_i = k\varepsilon U_i$$

从而测出桥梁的应变 ε。

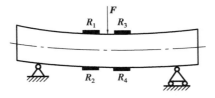

图 2.7　应变片测量桥梁应变示意图

（2）应变式力传感器

应变片和弹性敏感元件一起可以构成应变式力、压力、加速度等传感器。

应变式力传感器主要作为各种电子秤（约占 90%）和材料试验机的测力元件，或用于发动机的推力测试等。根据弹性元件的不同形状，可以制成柱式、环式和梁式等荷重和力传感器。如图 2.8 所示为应变式力传感器制成的电子秤工作示意图。图 2.9 所示为荷重传感器上应变片工作示意图。荷重传感器上的应变片在重力作用下产生变形，轴向变短，径向变长。

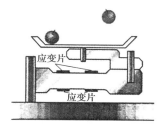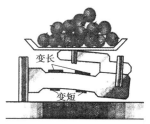

图 2.8　应变式力传感器制成的电子秤

图 2.9　荷重传感器上应变片工作示意图

（3）应变式压力传感器

应变式压力传感器主要用于液体、气体动态和静态压力的测量，如内燃机管道和动力设备管道的进气口、出气口气体和液体压力的测量，常与筒式、薄板式、膜片式等弹性元件组合。如图 2.10 所示为平膜式弹性元件组成的压力传感器测量示意图。ε_r、ε_τ 分别为径向应变和切向应变。在平膜片的圆心处沿切向贴 R_1、R_4 两个应变片，在边缘处沿径向贴 R_2、R_3 两个应变片。要求 R_2、R_3 和 R_1、R_4 产生的应变大小相等，极性相反，以便接成差动全桥测量电路。

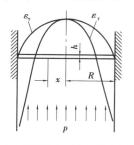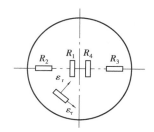

（a）平膜片表面应变分布图　　　（b）应变粘贴部位图

图 2.10　平膜片式压力传感器测量示意图

（4）应变式加速度传感器

如图 2.11 所示为应变式加速度传感器。传感器由应变片、基座、弹性悬臂梁和质量块组成。

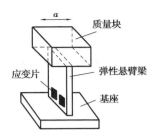

图 2.11 应变式加速度传感器

测量时将其固定在被测物上,当被测物做水平加速度运动时,由于质量块的惯性($F = ma$)使悬臂梁发生弯曲变形,通过应变片即可检测出悬臂梁的应变量。当振动频率小于传感器的固有振动频率时,悬臂梁的应变量与加速度成正比。

任务 2.2　电位器式传感器

【活动情景】电位器是一种将机械位移(线位移和角位移)转换为与其成一定函数关系的电阻或电压的机电传感器。

【任务要求】熟悉电位器式传感器工作原理及结构组成,并利用电位器式传感器进行物位测量。

【基本活动】

2.2.1　电位器的基本概念

电位器是人们常用到的一种电子元件,它作为传感器可以将机械位移转换为与其有一定函数关系的电阻值的变化,从而引起电路中输出电压的变化。

电位器由电阻体和电刷(也称可动触点)两部分组成,可作为变阻器使用,如图 2.12(a)所示,也可作为分压器使用,如图 2.12(b)所示。

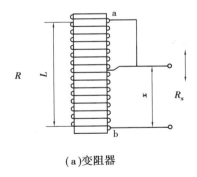

(a)变阻器

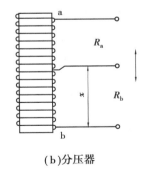

(b)分压器

图 2.12 电位器结构

当电刷沿电阻体的接触表面从 b 端移向 a 端时,在电刷两边的电阻体阻值随之发生变化。设电阻体全长为 L,总电阻为 R,则当电刷移动距离为 x 时,变阻器的电阻值为

$$R_x = \frac{R}{L}x \tag{2.4}$$

33

分压器两边电阻的比值为

$$\frac{R_a}{R_b} = \frac{L-x}{x} \tag{2.5}$$

若以恒定电流 I 从电阻体的 a 端流入,并将电阻体的 b 端接地,则变阻器和分压器的输出电压 U_x 均为

$$U_x = I\frac{R}{L}x \tag{2.6}$$

若在分压器的两端施加电压 U,电阻体 b 端接地,则分压器输出电压 U_x 为

$$U_x = \frac{U}{L}x \tag{2.7}$$

由此可见,电位器的输出信号均与电刷的位移量成比例,实现了位移与输出电信号的对应转换关系。因此,这类传感器可用于测量机械位移量,或可测量已转换为位移量的其他物理量(如压力、振动加速度等)。

这种类型传感器特点是:结构简单,价格低廉,输出信号大,一般不需放大,但是其分辨率不高,精度也不高,所以不适用于精度要求较高的场合。另外,动态响应较差,不适用于动态快速测量。

2.2.2 电位器的类型、结构与材料

电位器式位移传感器种类较多,按结构形式可分为直线位移型、角位移型;按工艺特点可分为线绕式、非线绕式;按制作材料可分为绕线式电位器、合成膜电位器、金属膜电位器、导电塑料电位器、导电玻璃釉电位器以及光电电位器式传感器,如图 2.13 所示。

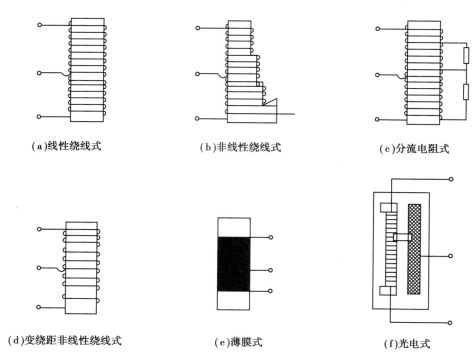

(a)线性绕线式   (b)非线性绕线式   (c)分流电阻式

(d)变绕距非线性绕线式   (e)薄膜式   (f)光电式

图 2.13 电位器的结构形式

一般电位器由电阻体包括电阻丝(或电阻薄膜)、骨架和电刷组成。

(1)电阻丝

电阻丝的材料应电阻率大、电阻温度系数小、柔软,但强度高、抗蚀性好、抗拉强度高、容易焊接,且熔点高,故其常用的材料为铜镍合金、铜锰合金、铂铬合金及镍铬丝等。

(2)骨架与基体

骨架与基体应形状稳定,表面绝缘电阻高,并有较好的散热能力。常用的材料有陶瓷、酚醛树脂、工程塑料以及经过绝缘处理的铝合金等。

(3)电刷

电刷是电位器中的关键零件之一,一般用贵金属材料或金属薄片制成。金属丝直径约 0.1~0.2 mm,电刷头部应弯成弧形,以防接触面过大而磨损,如图 2.14 所示为常见的电刷结构。电刷要有一定的弹性,以保证与电阻体可靠接触,另外要抗蚀性好、抗拉强度高、容易焊接、且熔点高。

 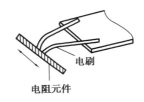 

图 2.14 常见的电刷结构

2.2.3 电位器的主要技术指标

电位器的主要技术指标包括以下几方面:

①最大阻值和最小阻值。指电位器阻值变化能达到的最大值和最小值。

②电阻值变化规律。指电位器阻值变化的规律,例如对数式、指数式、直线式等。

③线性电位器的线性度。指阻值直线式变化的电位器的非线性误差。

④滑动噪声。电刷移动时,滑动接触点打火产生的噪声电压大小。

2.2.4 线位移传感器

电位器式线位移传感器结构原理如图 2.15 所示。当滑杆随待测物体往返移动时,电刷在电阻体上也来回滑动。使电位器两端输出电压随位移量改变而变化。

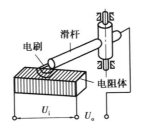

图 2.15 线位移传感器结构原理图

2.2.5 角位移传感器

电位器式角位移传感器的结构原理如图 2.16 所示,传感器的转轴与被测角度的转轴相连,电刷在电位器上转过一个角位移时,在检测输出端有一个与转角成比例的输出电压。

$$U_o = \frac{\alpha}{360°}U_i \tag{2.8}$$

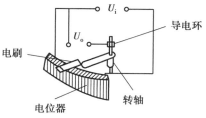

图 2.16 角位移传感器结构原理图

【技能训练】电位器的作用是将敏感元件在被测量作用下所产生的机械位移,转换为与之成线性的或任意函数关系的电阻或电压信号输出。电位器的移动或电刷的转动可直接或通过机械传动装置间接和被测对象相连,以测量机械位移或转角。电位器还可以和弹性敏感元件如膜片、膜盒、波纹管等相连接,弹性元件位移通过传动机构推动电刷,而输出相应的电压信号,可以组成压力、液位、高度等各种传感器。

（1）电位器式位移传感器

YHD 型电位器式位移传感器的结构如图 2.17 所示。测量物与内部被测物相接触。当有位移输入时,测量轴便沿导轨移动,同时带动电刷在滑线电阻上移动,因电刷的位置变化会有电压输出。据此可以判断位移的大小。如要求同时测出位移的大小和方向,可将图中的精密无感电阻和滑线电阻组成桥式测量电路。为便于测量,测量轴可来回移动,在装置中加了一根拉紧弹簧。

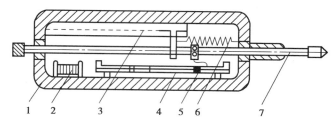

图 2.17 YHD 型电位器式位移传感器
1—壳体;2—精密无感电阻;3—导轨;4—滑线电阻;
5—电刷;6—拉紧弹簧;7—测量轴

（2）电位器式压力传感器

电位器式压力传感器的工作原理如图 2.18 所示。当被测流体通入弹性敏感元件膜盒的内腔时,在流体压力作用下,膜盒硬中心产生弹性位移,推动连杆上移,使曲柄轴带动电位器的电刷在电阻体上滑动,输出与被测压力成正比的电压信号。

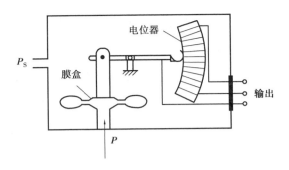

图 2.18　电位器式压力传感器原理

（3）电位器式加速度传感器

电位器式加速度传感器如图 2.19 所示。惯性敏感元件在被测加速度的作用下,使片状弹簧产生正比于被测加速度的位移,从而引起电刷在电阻体上下滑动,输出与加速度成比例的电压信号。

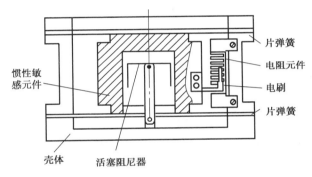

图 2.19　电位器式加速度传感器

任务 2.3　热电阻式传感器

【活动情景】用于测量温度的传感器很多,常用的有测温热电阻、测温热电偶、PN 结测温集成电路、红外辐射温度计等。本任务主要介绍测温热电阻式传感器。

【任务要求】通过学习热电阻式传感器的测量原理、测量电路和特性,掌握热电阻式传感器的应用。

【基本活动】

2.3.1　热电阻

热电阻测温是利用金属导体的电阻值随温度的变化而变化的原理进行测温的,在测温和控温中广泛应用。

热电阻测温的优点是信号灵敏度高、易于连续测量、可以远距离传送、无需参比温度;金属热电阻稳定性高、互换性好、准确度高,可以用做基准仪表。热电阻的主要缺点是需要电源激励,有自热现象(会影响测量精度),测量温度不能太高。

（1）热电阻的工作原理和材料

用于制造热电阻的材料,要求电阻率、电阻温度系数要大,热容量、热惯性要小,电阻与温度的关系最好接近于线性。纯金属具有正的温度系数,可以作为测温元件。铂、铜、铁和镍是常用的热电阻材料,其中铂和铜最常用。

①铂热电阻。铂热电阻的特点是测温精度高、稳定性好,所以在温度传感器中得到了广泛应用。铂热电阻的统一型号为 WZP,主要用做标准电阻温度计。国际标准有 Pt100,测温范围为 $-200 \sim +960\ ℃$,电阻温度系数为 $3.9 \times 10^{-3}/℃$,0 ℃时电阻为 100 Ω。铂在使用时应装在保护套管中。

②铜热电阻。由于铂是贵金属,所以在测量精度要求不高,温度范围在 $-50 \sim +150\ ℃$ 时普遍采用铜电阻。铜热电阻的统一型号为 WZC,电阻温度系数为 $(4.25 \sim 4.28) \times 10^{-3}/℃$,常用来做 $-50 \sim +150\ ℃$ 范围内的工业用电阻温度计。其缺点是电阻率较低,容易氧化,只能用在较低温度和无水分及腐蚀性的介质中。目前国标规定的铜热电阻有 Cu50 和 Cu100 两种。热电阻的特性如表 2.1 所示。

表 2.1　热电阻的特性

特　性 ＼ 材　料	铂热电阻(WZP)	铜热电阻(WZC)
使用温度范围/℃	$-200 \sim +960$	$-50 \sim +150$
电阻率/$(\Omega \cdot m \times 10^{-6})$	$0.098 \sim 0.106$	0.017
0~100 ℃电阻温度系数(平均值)/℃$^{-1}$	0.00 385	0.00 428
化学稳定性	在氧化性介质中,不能在还原性介质中使用	超过 100 ℃易氧化
特性	接近于线性,性能稳定,精度高	线性较好,价格低廉,体积大
应用	测量较高温度介质,可做标准测温装置	测量低温、无水分、无腐蚀性介质

③薄膜铂热电阻。一般铂热电阻的时间常数为几秒至几十秒,在测量表面温度和动态温度时精度不高。薄膜铂热电阻的热响应时间特别短,一般在 $0.1 \sim 0.3\ s$,适用于表面温度和动态温度的测量。

(2)几种热电阻实物图

以上几种热电阻的实物如图 2.20 所示。

(a)普通热电阻　　　　(b)薄膜铂热电阻　　　　(c)铜热电阻

图 2.20　热电阻实物图

（3）热电阻的结构

热电阻的结构通常由电阻体、绝缘管、保护套管、引线和接线盒等部分组成。一般是将电阻丝绕在云母或石英、陶瓷、塑料等绝缘骨架上,固定后套上保护套管,在热电阻丝与套管间填上导热材料即成。如图 2.21 所示是铂热电阻测温元件的结构,铂丝直径为 0.03 ~ 0.07 mm。

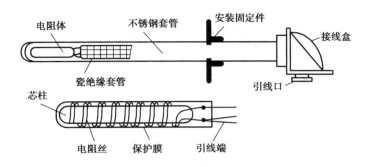

图 2.21　铂热电阻的结构图

（4）热电阻的引线形式

内引线是热电阻出厂时自身具备的引线,其功能是使感温元件与外部测量及控制装置相连接。

热电阻的测量电路通常采用不平衡电桥来转换,热电阻在工业测量桥路中的接法常采用两线制、三线制及四线制 3 种,如图 2.22 所示。

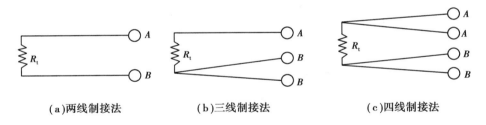

图 2.22　热电阻接线方法

通常,为了消除和减小引线电阻的影响,采用三线制连接法,如图 2.23 所示。

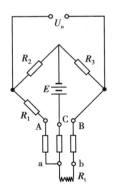

图 2.23　三线制热电阻测量电桥

热电阻的电阻与温度对应关系由分度表给出,见附录。

2.3.2 半导体热敏电阻

半导体热敏电阻简称热敏电阻,是一种新型的半导体测温元件,热敏电阻是利用某些金属氧化物或单晶锗、硅等材料,按特定工艺制成的感温元件。热敏电阻可分为 3 种类型,即正温度系数(PTC)热敏电阻(电阻的变化趋势与温度的变化趋势相同)和负温度系数(NTC)热敏电阻(电阻的变化趋势与温度的变化趋势相反),以及在某一特定温度下电阻值会发生突变的临界温度电阻器(CTR)。

(1)热敏电阻的($R_t - t$)特性

图 2.24 列出了不同种类热敏电阻的($R_t - t$)特性曲线。曲线 1 和曲线 2 为负温度系数(NTC 型)曲线,曲线 3 和曲线 4 为正温度系数(PTC 型)曲线。由图中可以看出 1、3 特性曲线的热敏电阻更适用于温度的测量,而符合 2、4 特性曲线的热敏电阻因特性曲线变化陡峭则更适用于组成控制开关电路。与金属热电阻相比,热敏电阻的特点是:

①电阻温度系数大,灵敏度高,约为金属电阻的 10 倍。

②结构简单,体积小,可测点温。

③电阻率高,热惯性小,适用于动态测量。

④易于维护和进行远距离控制。

⑤制造简单,使用寿命长。

⑥互换性差,非线性严重。

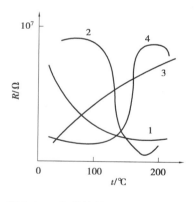

图 2.24 各种热敏电阻的特性曲线

1—负指数型 NTC;2—突变型 NTC;3—线性型 PTC;4—突变型 PTC

(2)热敏电阻的结构

根据使用要求可将热敏电阻的封装加工成多种形状的探头,如图 2.25 所示。

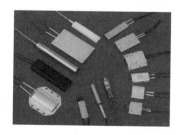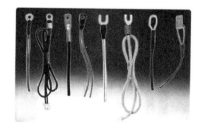

图 2.25 热敏电阻的结构图

（3）热敏电阻的符号

热敏电阻在电路中的符号为：——R_t——。

【技能训练】

（1）热敏电阻用于温度补偿

热敏电阻可在一定范围内对某些元件进行温度补偿。例如，由铜线绕制而成的动圈式仪表表头中的动圈，当温度升高时，电阻增大，引起测量误差。如果在动圈回路中串接负温度系数的热敏电阻，则可以抵消由温度变化所产生的测量误差。

（2）热敏电阻测温

用于测量温度的热敏电阻结构简单，价格便宜。没有外保护层的热敏电阻只能用于干燥的环境中，在潮湿、腐蚀性等恶劣环境下只能使用密封的热敏电阻。如图2.26所示为热敏电阻测量温度的电路图。

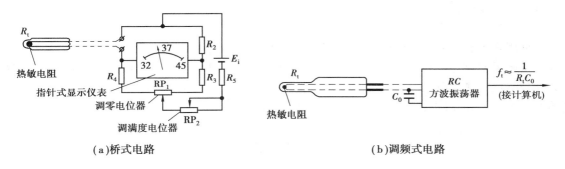

（a）桥式电路　　　　　　　　　　　　　（b）调频式电路

图2.26　热敏电阻体温表原理图

测量时先对仪表进行标定。将绝缘的热敏电阻放入32 ℃（表头的零位）的温水中，待热量平衡后，调节RP_1，使指针在32 ℃上，再加热水，用更高一级的温度计监测水温，使其上升到45 ℃。待热量平衡后，调节RP_2，使指针指在45 ℃上。再加入冷水，逐渐降温，反复检查32～45 ℃范围内刻度的准确性。

（3）热敏电阻用于温度控制

在空调、电热水器、自动保温电饭锅、冰箱等家用电器中，热敏电阻常用于温度控制。如图2.27所示为负温度系数热敏电阻在电冰箱温度控制中的应用。

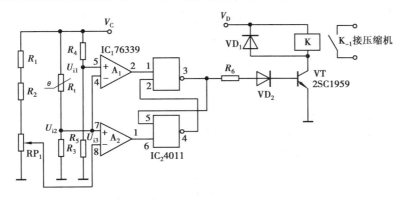

图2.27　负温度系数热敏电阻在电冰箱温度控制中的应用

当冰箱接通电源时,由 R_4 和 R_5 经分压后给 A_1 的同相端提供一固定基准电压 U_{i1},由温度调节电路 RP_1 输出一设定温度电压 U_{i3} 给 A_2 的反相输入端,这样就由 A_1 组成开机检测电路,由 A_2 组成关机检测电路。

当冰箱内的温度高于设定温度时,由于温度传感器 R_t(热敏电阻)和 R_3 的分压,$U_{i2} > U_{i1}$、$U_{i2} > U_{i3}$,所以 A_1 输出低电平,而 A_2 输出高电平。由 IC$_2$4011 组成的 RS 触发器的输出端输出高电平,使 VT 导通,继电器工作,其常开触点闭合,接通压缩机电动机电路,压缩机开始制冷。

当压缩机工作一定时间后,冰箱内的温度下降,到达设定温度时,温度传感器阻值增大,使 A_1 的反相输入端和 A_2 的同相输入端电位 U_{i2} 下降,$U_{i2} < U_{i1}$、$U_{i2} < U_{i3}$,A_1 的输出端变为高电平,而 A_2 的输出端变成低电平,RS 触发器的工作状态发生变化,其输出为低电平,而使 VT 截止,继电器 K 停止工作,触点 K_{-1} 被释放,压缩机停止运转。

若电冰箱停止制冷一段时间后,冰箱内的温度慢慢升高,此时开机检测电路 A_1、关机检测电路 A_2 及 RS 触发器又翻转一次,使压缩机重新开始制冷。这样周而复始的工作,达到控制电冰箱内温度的目的。

(4)热敏电阻用于过热保护

利用临界温度系数热敏电阻的电阻温度特性,可制成过热保护电路。例如将临界温度系数热敏电阻安放在电动机定子绕组中并与电动机继电器串联。当电动机过载时定子电流增大,引起过热,热敏电阻检测温度的变化,当温度大于临界温度时,电阻发生突变,供给继电器的电流突然增大,继电器断开,从而实现了过热保护。

项目小结

应变、位移、压力、温度是生产、生活中经常测量的变量。本项目重点介绍了电阻应变式、电位器式、热电阻式传感器。

应变式电阻传感器是目前用于测量力、力矩、压力、加速度、质量等参数最广泛的传感器之一。它是基于电阻应变效应的一种测量微小机械变量的传感器。电阻应变片由敏感栅、基片、覆盖层和引线等部分组成,敏感栅是应变片的核心部分。金属电阻应变片有丝式、箔式和薄膜式三种类型。电阻应变片的工作原理基于应变效应。金属材料受力后的电阻变化主要由尺寸变化决定,而半导体材料受力后电阻变化主要由电阻率变化决定。应变式电阻传感器采用测量电桥,把应变电阻的变化转换成电压或电流变化。由于环境温度带来的误差称为应变片的温度误差,又称热输出。温度误差主要是由于电阻材料阻值随着温度变化而引起。另外,应变片与试件不能随温度变化同步变形也会产生附加形变,可采用自补偿法或桥路补偿来补偿温度误差。

电位器式传感器是一种将机械位移转换成电信号的机电转换元件,既可作变阻器用,又可作分压器用。它作为传感器可以将机械位移转换为与其有一定函数关系的电阻值的变化,从而引起电路中输出电压的变化。

热电阻式传感器常用于对温度和与温度有关的参量进行检测的传感器,电阻式传感器广泛用于测量 $-200 \sim +960$ ℃范围的温度,它是利用导体或半导体的电阻随温度变化而变化的性质工作的。电阻式传感器分为金属热电阻传感器和半导体热电阻传感器两类,前者称为热电阻,后者称为热敏电阻。热敏电阻是半导体测温元件,按温度系数可分为负温度系数热敏电阻(NTC)和正温度系数热敏电阻(PTC)两类,广泛应用于温度测量、电路的温度补偿以及温度控制。热电阻变化一般要经过不平衡电桥转换为不平衡电压输出,提供后续电路处理。本项目通过典型任务的实施,介绍了应变式传感器、电位器式传感器、热电阻式传感器的应用。

知识拓展

(1)气敏传感器

人们的生产生活与周围的气体环境紧密相关。在生产中使用的气体原料和生产过程中产生的气体种类和数量也在不断增加,特别是石油、化工、煤炭及汽车等工业的飞速发展以及火灾事故的不断发生使环境污染日益严重,人们越来越重视自己的生活环境和质量,因此气敏传感器的应用也越来越广泛。日常生活中,如家庭抽油烟机上的煤气或液化气泄漏报警和自动排气装置、汽车尾气检测仪器、酒精检测仪、公共场合安装的烟雾报警装置等都是使用的气敏传感器。

气敏传感器是能感知环境中某种气体及其浓度的传感器,它利用化学或物理效应将气体的种类及其浓度有关的信息转换为电信号,再经处理电路处理后进行检测、监控和报警,还可通过接口电路与计算机组成自动检测、控制和报警系统。电阻型半导体气敏传感器是目前广泛应用的气敏传感器之一。

1)电阻型半导体气敏传感器的工作原理

气敏电阻的材料是金属氧化物,在合成材料时,通过化学计量比的偏离和杂质缺陷制成。金属氧化物半导体分为 N 型半导体(如氧化锡、氧化铁、氧化锌等)和 P 型半导体(如氧化钴、氧化铅、氧化铜等)两种。为了提高某种气敏元件对某些气体成分的选择性和灵敏度,合成材料有时还渗入了催化剂,如钯(Pd)、铂(Pt)、银(Ag)等。

金属氧化物在常温下是绝缘的,制成半导体后则显示出气敏特性,其导电率随气体的吸附而发生改变。通常器件工作在空气中,空气中的氧和二氧化氮这样的电子兼容性大的气体,接受来自半导体材料的电子而吸附负电荷,结果使 N 型半导体材料的表面空间电荷层区域的传导电子减少,使表面电导减小,从而使器件处于高阻状态。一旦元件与被测还原性气体接触,就会与吸附的氧起反应,将被氧束缚的电子释放出来,敏感膜表面电导增加,使元件电阻迅速减小。

该类气敏元件通常工作在高温环境下(200～450 ℃),目的是为了加速上述的氧化还原反应。例如,用氧化锡制成的气敏元件,在常温下吸附某种气体后,其电导率变化不大,若保持这种气体浓度不变,该器件的电导率随器件本身温度的升高而增加,尤其是在 100～300 ℃ 范围内电导率变化很大。显然,半导体电导率的增加是多数载流子浓度增加的结果。

气敏元件的基本测量电路如图 2.28(a)所示。其中 E_H 为加热电源,E_C 为测量电源,电阻中气敏电阻值的变化引起电路中电流的变化,输出电压(信号电压)由电阻 R_0 上取出。特别是在低浓度下灵敏度高,而高浓度下趋于稳定值。因此,常用来检查可燃性气体泄漏并报警等。

气敏元件工作时需要本身的温度比环境温度高很多。因此,气敏元件结构中有电阻丝加热器。氧化锡、氧化锌材料气敏元件输出电压与温度的关系如图 2.28(b)所示。

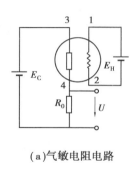

(a)气敏电阻电路

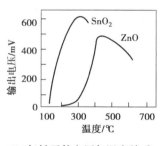

(b)气敏元件电压与温度关系

图 2.28　气敏元件基本测量电路图

1、2—加热电极;3、4—气敏电阻的一对电极

2)气敏电阻元件种类

气敏电阻元件种类很多,按制造工艺可分为烧结型、薄膜型、厚膜型。

①烧结型气敏元件。将元件的电极和加热器均埋在金属氧化物气敏材料中,经加热成形后低温烧结而成。目前最常用的是氧化锡烧结型气敏元件,用来测量还原性气体。它的加热温度较低,一般在 200 ~ 300 ℃,氧化锡气敏半导体对许多可燃性气体,如氢、一氧化碳、甲烷、丙烷、乙醇等都有较高的灵敏度。图 2.29 所示为 MQN 型气敏电阻的结构及测量转换电路简图。

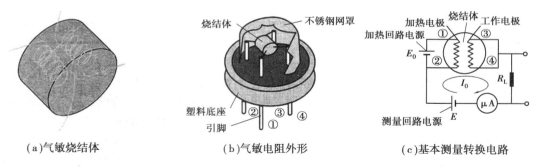

(a)气敏烧结体　　　　　　(b)气敏电阻外形　　　　　　(c)基本测量转换电路

图 2.29　MQN 型气敏电阻结构及测量电路

②薄膜型气敏元件。采用真空镀膜或溅射的方法,在石英或陶瓷基片上制成金属氧化物薄膜(厚度在 0.1 μm 以下),构成薄膜型气敏元件。

如氧化锌薄膜型气敏元件是以石英玻璃或陶瓷作为绝缘基片,通过真空镀膜在基片上蒸镀锌金属,用铂或钯膜做引出电极,最后将基片上的锌氧化。氧化锌敏感材料是 N 型半导体,当添加铂做催化剂时,对丁烷、丙烷、乙烷等烷烃气体有较高的灵敏度,而对氢气、一氧化碳等气体灵敏度很低。当用钯做催化剂时,对氢气、一氧化碳有较高的灵敏度,而对烷烃类气体灵敏度低。因此,这种元件有良好的选择性,工作在 400 ~ 500 ℃ 的较高温度。

③厚膜型气敏元件。将气敏材料(如氧化锡、氧化锌)与一定比例的硅凝胶混制成能印刷的厚膜胶。把厚膜胶用丝网印刷到事先安装有铂电极的氧化铝基片上,在 400 ~ 800 ℃ 的温度下烧结 1 ~ 2 小时便可制成厚膜型气敏元件。用厚膜工艺制成的器件一致性较好,机械强度高,适于批量生产。

以上 3 种气敏元件都附有加热器,在实际应用时,加热器能附着在测控部分上的油雾、尘埃等烧掉,同时加速气体氧化还原反应,从而提高元件的灵敏度和响应速度。

3)气敏传感器的应用

各类易燃、易爆、有毒、有害气体的检测和报警都可以用相应的气体传感器及相关的电路来实现,如气体成分检测仪、气体报警器、空气净化器等,已广泛用于工厂、矿山、家庭、娱乐场所等。

①家用有毒气体检测报警器。

一氧化碳、液化石油气、甲烷、丙烷都是有毒可燃气体,当它们在空气中达到一定浓度时,将危及人的健康与安全。本电路线路简单,但具有很高的灵敏度,对检测上述有毒气体是行之有效的。

图 2.30 所示电路为有毒气体检测报警电路。用 QM-N10 气敏传感器作为检测头,它是一种新型的低功耗、高灵敏度的灵敏元件,和其他气敏传感器一样,QM-N10 也有一个加热丝和一对检测电极,它是用半导体 N 型材料制成的。

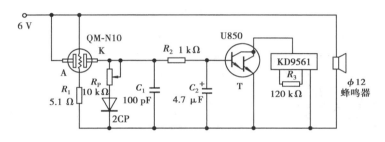

图 2.30　有毒气体检测报警电路

当空气中不含有毒气体时,A、K 两点间的电阻很大,流过 R_P 的电流很小,K 点为低电位,达林顿管 U850 不导通;当空气中含有还原性气体(如上述有毒气体)时,A、K 两点间电阻迅速下降,通过 R_P 的电流增大,K 点电位升高,向 C_2 充电直至到达 U850 导通电位(约 1.4 V)时,U850 导通,驱使发声集成片 KD9561 发声。

当空气中有毒气体浓度下降至使 A、K 两点间恢复高阻时,K 点电位低于 1.4 V,U850 截止,警报解除。

②常用气体含量测量仪器及报警装置。

如图 2.31 所示为常用气体含量测量仪器及报警装置,目前,这类仪器大量应用于相应的安全检查及环境检测场合。

(a)酒精测试仪　　　　　　(b)家庭用煤气报警器　　　　　(c)汽车尾气分析仪

(d)有毒气体检测仪　　　　　(e)矿用煤气报警器　　　　　(f)烟雾报警器

图2.31　常用气体含量测量仪器及报警装置

（2）湿敏电阻传感器

在物理量的测量中，与湿度测量相比，湿度的测量较困难，因为水蒸气中各种物质的物理、化学过程很复杂。将湿度变成电信号的传感器有红外线湿度计、超声波湿度计、湿敏电容湿度计、湿敏电阻湿度计等。目前大多数湿度传感器是使用湿敏电阻作为其敏感元件。

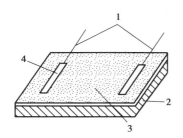

图2.32　湿敏电阻结构示意图
1—引线；2—基片；3—感湿层；4—电极

1）湿敏电阻的结构和工作原理

湿敏电阻是一种阻值随环境相对湿度的变化而变化的敏感元件。它主要由感湿层（湿敏层）、电极和具有一定机械强度的绝缘基片组成，如图2.32所示。

感湿层在吸收了环境中的水分后引起两电极间电阻值的变化，这样就能直接将相对湿度的变化变换成电阻值的变化。利用此特性，可以制成电阻湿度计来测量湿度的变化情况，或制成湿度控制器等测湿仪表和传感器。它们和常用的毛发湿度计、干湿球湿度计相比具有使用方便、精度较高、响应快、测量范围广及湿度系数较小等优点。湿敏电阻有多种形式，常用的有金属氧化物陶瓷湿敏电阻、金属氧化物膜型湿敏电阻、高分子材料湿敏电阻等，其中金属氧化物陶瓷传感器是当今湿度传感器的发展方向。如 $MgCr_2O_4 - TiO_2$ 陶瓷湿度传感器，其结构如图2.33所示。湿敏电阻传感器的测量转换电路的框图如图2.34所示。

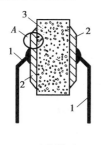

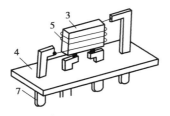

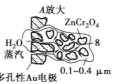

(a)吸湿单元　　　　　(b)卸去外壳后的结构　　　　　(c)外形图

图2.33　陶瓷湿度传感器结构和特性
1—引线；2—多孔性电极；3—多孔陶瓷；4—底座；5—镍铬加热丝；6—外壳；7—引脚；8—气孔

46

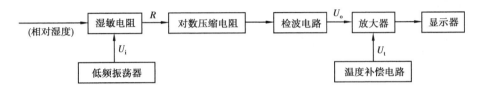

图2.34 湿敏电阻传感器测量转换电路框图

2)湿敏电阻传感器的应用

多功能气体—湿度传感器结构如图2.35所示。感湿体是多孔陶瓷,它是由P型半导体陶瓷($MgCr_2O_4 - TiO_2$)制成,电极是将糊状氧化钌涂布在陶瓷感湿体的两侧,待干燥后烧结而成,陶瓷感湿体和电极组成了此传感器的湿敏元件。为了减小测量误差,要求传感器每次在测量湿度之前要去污。因此,在湿敏元件四周绕上加热电阻丝,使其表面能够加热到达450 ℃的高温从而烧掉污垢。电极引线一般采用铂—铱合金。

多功能气体—湿度传感器中湿敏元件的电阻值,既随所处环境的相对湿度的增加而减小,又随周围空气中的还原性气体含量的增加而变大。因此,该传感器可用于气体含量的测量,又可用于相对湿度的测量。

图2.35所示为一种用于汽车驾驶室后窗玻璃自动去湿装置,图2.35(a)所示为汽车后窗玻璃示意图,图中R_L为嵌入玻璃的加热电阻丝,R_H为结露感湿元件的电阻。图2.35(b)所示为汽车后窗玻璃自动去湿电路。VT1、VT2接成施密特触发电路,VT2的集电极负载为继电器KM的线圈绕组。VT1的基极回路的电阻为R_1、R_2和湿敏元件H的等效电阻R_H。事先调整好各电阻值,使常温、常湿下VT1导通,VT2截止。一旦由于阴雨致使湿度增大而使H的R_H值下降到某一特定值,R_2与R_H并联的电阻值小到不足以维持VT1导通,由于电路的强正反馈,VT2将迅速导通,VT1随之截止。VT2的集电极负载—继电器KM通电后,KM的常开触点KM1接通电源后,小灯泡HL点亮,电阻丝R_L通电,风挡玻璃加热以驱散湿气。当湿度减少到一定程度时,施密特触发电路又翻转到初始状态,小灯泡HL熄灭,电阻丝R_L停止通电,这样就实现了自动防湿控制。应用集成电压比较器LM311代替施密特电路可使体积缩小,可靠性提高。

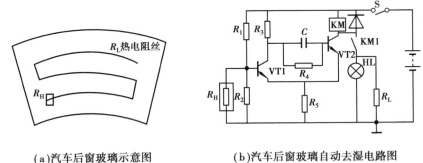

(a)汽车后窗玻璃示意图　　(b)汽车后窗玻璃自动去湿电路图

图2.35 汽车后窗玻璃自动去湿装置

思考与练习

(1)什么是应变效应?简述应变传感器的结构组成?

(2)不同类型的应变片有何特点?各应用于何种场合?

（3）简述应变片的粘贴方法。

（4）应变电阻传感器用何种测量电路？为什么不直接用万用表测电阻？

（5）图 2.36 所示为一直流应变电桥。$U_i = 5$ V，$R_1 = R_2 = R_3 = R_4 = 120$ Ω 时，试求：

①R_1 为金属应变片，其余为外接电阻，当 R_1 变化量为 $\Delta R_1 = 1.2$ Ω 时，电桥输出电压 U_o 为多少？

②R_1、R_2 都是应变片，且批号相同，感受应变的极性和大小都相同，其余为外接电阻，电桥的输出电压 U_o 为多少？

③题（2）中，如果、感受应变的极性相反，且 $|\Delta R_1| = |\Delta R_2| = 1.2$ Ω，电桥的输出电压 U_o 为多少？

④由题（1）（（3）能得出什么结论与推论？

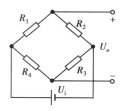

图 2.36　直流应变电桥

（6）试述电位器的基本概念、组成部分、主要作用和优缺点。

（7）金属热电阻温度传感器常用的材料有哪几种？各有何特点？热电阻传感器的测量电路有哪些？

（8）试述热敏电阻的特点及应用范围。

（9）NTC 热敏电阻热电特性和伏安特性的特点是什么？

项目 **3**

电容式传感器及应用

【项目描述】电容式传感器是以各种类型的电容器作为传感组件的一种传感器。在实际应用中,通过电容传感组件将被测物理量的变化转换为电容量的变化,再经转换电路将电容量的变化转换为电压、电流或频率信号后输出。近年来,随着电子技术的迅速发展,特别是集成电路技术的发展,使得电容式传感器在精密测量位移、振动、角度、压力等诸多方面得到广泛应用。

【学习目标】了解变间隙式、变面积式和变介电常数式电容传感器的结构形式;掌握平板电容器的电容计算公式,并能以此公式说明三类电容器的工作原理;了解变间隙式、变面积式电容传感器的基本特性;掌握电容式传感器的主要特点;了解电容式压力、加速度、位移传感器的主要组成部分及工作原理;掌握常用交流电桥测量电路的组成,平衡条件和主要特点。

【技能目标】根据实际要求将位移、振动、角度、压力等机械量及液面、料面、成分含量等热工参量转换为电压、电流或频率信号,并能选择合适的电容式传感器的结构形式和测量电路。

任务 3.1　电容式传感器的工作原理及其结构形式

【活动情景】大家都用过收音机。当你搜寻电台时有没有想过,收音机是依靠什么元器件来调谐电台的呢? 如果打开收音机的后盖,就可以看到与调谐旋钮联动的是一个旋转式可变电容器。当你旋转调谐旋钮时,可变电容器动片就随之转动,改变了与定片之间的覆盖面积,从而可以从一个电台转换到另一个电台。电容器在电子仪表中作为元器件来使用,在非电量电测中作为传感器来使用。

电容式传感器的结构简单、分辨率高、工作可靠、非接触测量,并能在高温、辐射、强烈振动等恶劣条件下工作,易于获得被测量与电容量变化的线性关系,可用于力、压力、压差、振动、位移、加速度、液位、料位、成分含量等检测。

【任务要求】了解电容式传感器的结构形式,掌握电容式传感器的测量原理。

【基本活动】

电容式传感器元件是指能将被测物理量的变化转换为电容变化的一种传感元件。电容式传感器的测量原理如图 3.1 所示。

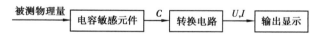

图 3.1　电容式传感器的测量原理框图

一个平行板电容器,如图 3.2 所示。如果不考虑其边缘效应,则电容器的电容量为

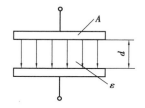

图 3.2　平行板电容器

$$C = \frac{\varepsilon A}{d} = \frac{\varepsilon_0 \varepsilon_r A}{d} \qquad (3.1)$$

式中,ε 是电容器极板间介质的介电常数;ε_r 是极板间介质的相对介电常数;ε_0 是真空介电常数,$\varepsilon_0 = 8.85 \times 10^{-12} F/m$;$A$ 是两平行板所覆盖的面积;d 是两平行板之间的距离,也称极距。

由式(3.1)可知,电容 C 是 A、d、ε 的函数,即 $C = f(\varepsilon, d, A)$。当 A、d、ε 改变时,电容量 C 也随之改变。若保持其中两个参数不变,通过被测量的变化改变其中一个参数,就可把被测量的变化转换为电容量的变化,这就是电容式传感器的基本工作原理。

电容式传感器根据工作原理不同,可分为变间隙式、变面积式、变介电常数式 3 种。按极板形状不同有平板形和圆柱形两种。如图 3.3 所示为电容式传感元件的各种结构类型。

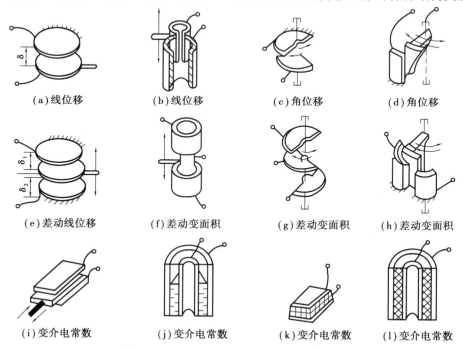

（a）线位移　　（b）线位移　　（c）角位移　　（d）角位移

（e）差动线位移　　（f）差动变面积　　（g）差动变面积　　（h）差动变面积

（i）变介电常数　　（j）变介电常数　　（k）变介电常数　　（l）变介电常数

图 3.3　电容式传感元件的各种结构类型

3.1.1 变间隙式电容传感器

如图 3.2 所示,当平行板电容器的 ε 和 A 不变,而只改变电容器两极板之间的距离 d 时,电容器的容量 C 将发生改变。利用电容器的这一特性制作的传感器,称之为变间隙式电容传感器。该类型的传感器常用于压力的测试。

设 ε 和 A 不变,初始状态下极板间隙为 d_0 时,电容器容量 C_0 为

$$C_0 = \frac{\varepsilon A}{d_0}$$

如图 3.4 所示,当电容器受外力作用,使极板间的间隙减小 Δd 后,其电容量变为 C_x,其大小为

$$C_x = \frac{\varepsilon A}{d_0 - \Delta d} = \frac{C_0}{1 - \frac{\Delta d}{d_0}} = \frac{1 + \frac{\Delta d}{d_0}}{1 - \left(\frac{\Delta d}{d_0}\right)^2} C_0 \tag{3.2}$$

由式(3.1)可知,电容量 C 与极板间的距离 d 成非线性关系,如图 3.5 所示。所以在工作时,动极板不能在整个间隙范围内变化,而是限制在一个较小的范围内,以使电容量的相对变化与间隙的相对变化接近线性。若 $\frac{\Delta d}{d_0} \ll 1$,则 $1 - \left(\frac{\Delta d}{d_0}\right)^2 \approx 1$,那么式(3.2)可简化为

$$C_x = C_0 \left(1 + \frac{\Delta d}{d_0}\right) \tag{3.3}$$

$$\frac{\Delta C}{C_0} = \frac{\Delta d}{d_0} \tag{3.4}$$

即电容量的相对变化与间隙的相对变化成正比。

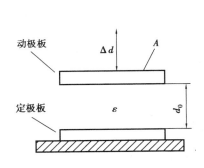

图 3.4 变间隙式电容传感器

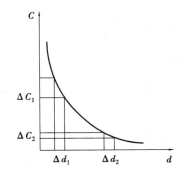

图 3.5 电容量 $C = f(d)$ 曲线

当 d 较小时,该类型的传感器灵敏度较高,微小的位移即可产生较大的电容变化量。同理,当外力使极板间距离增大时,电容量的相对变化为

$$\frac{\Delta C}{C_0} = -\frac{\Delta d}{d_0} \tag{3.5}$$

为了提高测量的灵敏度,减小非线性误差,实际应用时常采用差动式结构。如图 3.6 所示,两个定极板对称安装,中间极板为动极板。当中间极板不受外力作用时,由于 $d_1 = d_2 = d_0$,所以 $C_1 = C_2$。当中间电极向上移动 x 时,C_1 增加,C_2 减小,总电容的变化量 ΔC 为

$$\Delta C = C_1 - C_2 = \frac{2\Delta d}{d_0} C_0$$

$$\frac{\Delta C}{C_0} = \frac{2\Delta d}{d_0} \tag{3.6}$$

式(3.6)与式(3.4)相比,输出灵敏度提高了一倍。

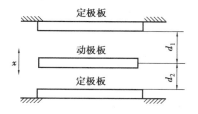

图 3.6　差动式电容器结构图

变间隙式电容传感器的特点:起始电容在 20 ~ 100 pF 之间,只能测量微小位移(微米级),$d_0 = 25 \sim 200\ \mu m$,$\Delta d \ll \frac{1}{10}d_0$,$d_0$ 过小时,电容容易击穿,可在极板间放置云母片来改善。云母片的相对介电常数是空气的 7 倍,击穿电压不小于 1 000 kV/mm,而空气仅为 3 kV/mm。有了云母片,极板间起始间距可大大减小,传感器的输出线性度可得到改善。

3.1.2　变面积式电容传感器

当极板的相对面积发生变化时,电容器的电容也发生变化。变面积式电容传感器的结构原理如图 3.7 所示。

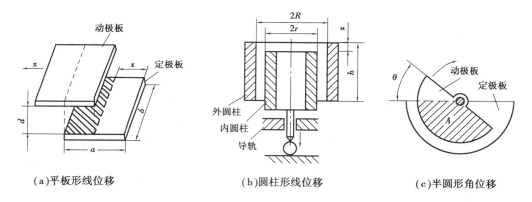

（a）平板形线位移　　　　　　　（b）圆柱形线位移　　　　　　　（c）半圆形角位移

图 3.7　变面积式电容传感器结构原理图

（1）平板形变面积电容式传感器

对于图 3.7(a)所示的平板形变面积电容式传感器而言,当动极板受到外力作用而产生位移 x 后,电容量由 C_0($C_0 = \frac{\varepsilon ab}{d}$)变为 C_x,则

$$C_x = \frac{\varepsilon(a-x)b}{d} = C_0\left(\frac{a-x}{a}\right) = C_0\left(1 - \frac{x}{a}\right) \tag{3.7}$$

电容量的相对变化为

$$\frac{\Delta C}{C_0} = -\frac{x}{a} \tag{3.8}$$

由式(3.8)可知,平板形变面积电容式位移传感器电容的相对变化量与位移 x 成线性

关系。

（2）圆柱形变面积电容式传感器

对于图3.7（b）所示的圆柱形变面积电容式传感器而言，$C_0 = \dfrac{2\pi\varepsilon h}{\ln(\dfrac{R}{r})}$，当外力使电容器的

动极板（内圆柱）发生位移后，电容器的电容量变为

$$C_x = \frac{2\pi\varepsilon(h-x)}{\ln(\dfrac{R}{r})} = C_0\left(1 - \frac{x}{h}\right) \tag{3.9}$$

电容量的相对变化为

$$\frac{\Delta C}{C_0} = -\frac{x}{h} \tag{3.10}$$

由式（3.10）可知，圆柱形变面积电容式位移传感器电容的相对变化量与位移 x 成线性关系。

（3）半圆形变面积电容式传感器

对于图3.7（c）所示的半圆形变面积电容式传感器而言，当两个极板重合时，$C_0 = \dfrac{\varepsilon A_0}{d}$，当

动极板转动 θ 角后，电容变为

$$C_x = C_0\left(1 - \frac{\theta}{\pi}\right) \tag{3.11}$$

电容量的相对变化为

$$\frac{\Delta C}{C_0} = -\frac{\theta}{\pi} \tag{3.12}$$

由上述3种类型的变面积电容式传感器可以看出，电容的相对变化与位移的大小成正比，但方向相反，因为面积变化总是在减小。

变面积电容式位移传感器的特点：可以测量较大位移的变化，常为厘米级位移量。为了提高测量灵敏度，变面积电容式传感器也常做成差动式结构，如图3.8所示，这样其输出灵敏度可提高一倍。

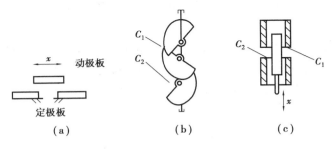

图3.8　变面积差动电容式传感器结构图

3.1.3　变介电常数式电容传感器

当电容式传感器中的电介质改变时，其介电常数变化，从而引起电容量发生变化。此类传感器的结构形式有很多种。图3.9所示为介质位移变化的电容式传感器。这种传感器可

用来测量物位或液位,也可测量位移。

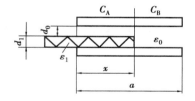

图 3.9　变介质电容式传感器

假设电容器为平板式,极板长为 a、宽为 b,由图 3.9 可以看出,极板间无介质 ε_1 时的电容量为

$$C_0 = \frac{\varepsilon_0 ab}{d_0 + d_1} \tag{3.13}$$

当厚度为 d_1 的介质 ε_1 插入两极板 x 深度后,总电容为

$$C_x = C_A + C_B$$

$$C_A = \frac{bx}{\dfrac{d_1}{\varepsilon_1} + \dfrac{d_0}{\varepsilon_0}} \; ; \qquad C_B = \frac{\varepsilon_0 b(a-x)}{d_1 + d_0} \tag{3.14}$$

则

$$C_x = C_A + C_B = C_0 \left(1 + \frac{1 - \dfrac{\varepsilon_0}{\varepsilon_1}}{\dfrac{d_0}{d_1} + \dfrac{\varepsilon_0}{\varepsilon_1}} x \right)$$

电容量的相对变化为

$$\frac{\Delta C}{C_0} = \frac{\left(1 - \dfrac{\varepsilon_0}{\varepsilon_1}\right)}{\dfrac{\varepsilon_0}{\varepsilon_1} + \dfrac{d_0}{d_1}} x \tag{3.15}$$

式(3.15)表明,电容量 C 与介质在极板间的位移 x 成线性关系。由上述可知也可测量介质的厚度 d_1。

图 3.10 所示为电容式液位计原理图。在被测介质中放入两个同心圆柱状电极 1 和 2。设容器中被测液体的介质常数为 ε_1,液面上气体的介电常数为 ε_2,当容器内液面高度发生变化时,两极板间的电容也发生变化,总电容为气体介质间电容量和液体介质间电容量之和。

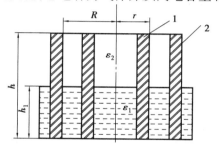

图 3.10　电容式液位计原理图

设气体介质间电容量 C_1,则

$$C_1 = \frac{2\pi(h - h_1)\varepsilon_2}{\ln\dfrac{R}{r}} \tag{3.16}$$

液体介质间电容量 C_2 为

$$C_2 = \frac{2\pi h_1 \varepsilon_1}{\ln\dfrac{R}{r}} \tag{3.17}$$

因此总电容为

$$C = C_1 + C_2 = \frac{2\pi h \varepsilon_2}{\ln\dfrac{R}{r}} + \frac{2\pi h_1(\varepsilon_1 - \varepsilon_2)}{\ln\dfrac{R}{r}} \tag{3.18}$$

式中,h 是电容器极板高度(m);h_1 是液面高度(m);R、r 是圆柱形电极的内、外半径(m);ε_1 是被测液体的介电常数(F/m);ε_2 是液面上气体的介电常数(F/m)。

设

$$a = \frac{2\pi h \varepsilon_2}{\ln\dfrac{R}{r}}; \quad b = \frac{2\pi(\varepsilon_1 - \varepsilon_2)}{\ln\dfrac{R}{r}}$$

则式(3.18)可写作 $C = a + bh_1$,由此可见,输出电容与液面高度成线性关系。

任务 3.2　电容式传感器的测量转换电路

【活动情景】电容式传感器把被测物理量转换为电容变化后,还要经测量转换电路将电容量转换成电压或电流信号,以便记录、传输、显示、控制等。

【任务要求】运用电容式传感器,结合测量转换电路和运算放大器电路完成给定的测量任务。

【基本活动】

3.2.1　桥式测量电路

将电容式传感器接在电桥的一个桥臂或两个桥臂上,其他桥臂可以是电阻、电容或电感,就可以构成单臂电桥或双臂电桥,如图 3.11 所示。

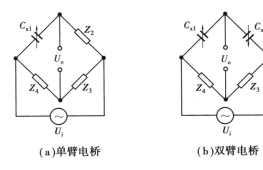

(a)单臂电桥　　　　　　　　　(b)双臂电桥

图 3.11　桥式测量电路

对于图 3.11(a)所示的单臂电桥,设初始状态下 $Z_{x1} = Z_2 = Z_3 = Z_4 = Z_0$,电桥的输出 $U_0 = 0$,当检测电容 C_{x1} 发生变化 ΔC 时,电桥失去平衡,输出为

$$U_0 = \frac{(Z_1 Z_3 - Z_2 Z_4)}{(Z_1 + Z_2)(Z_3 + Z_4)} U_i \tag{3.19}$$

因为

$$Z_1 = \frac{1}{j\omega(C_0 + \Delta C)} \qquad Z_0 = \frac{1}{j\omega C_0}$$

所以

$$U_0 \approx \frac{1}{4} \frac{\Delta C}{C_0} U_i \tag{3.20}$$

对于图 3.11(b)所示的双臂电桥,当桥臂电容 C_{x1}、C_{x2} 发生变化时,$\Delta C_{x1} = -\Delta C_{x2} = \Delta C$,则电桥输出为

$$U_0 = \frac{\Delta C}{2C_0} U_i \tag{3.21}$$

由式(3.20)、式(3.21)可知电桥的输出与电容的相对变化量成正比,且双臂电桥的输出是单臂电桥的两倍。

3.2.2 调频电路

将电容式传感器接入高频振荡器的 LC 谐振回路中,作为回路的一部分。当被测量变化使传感器电容改变时,振荡器的振荡频率随之改变,即振荡器频率受传感器的电容所调制,因此称为调频电路。调频振荡器的振荡频率由式(3.22)决定:

$$f = \frac{1}{2\pi \sqrt{LC}} \tag{3.22}$$

式中,L 是振荡回路的电感(H);C 是振荡回路的总电容(F)。

C 是传感器的电容、谐振回路中微调电容和传感器电缆分布电容之和。调频电路的原理框图如图 3.12 所示。

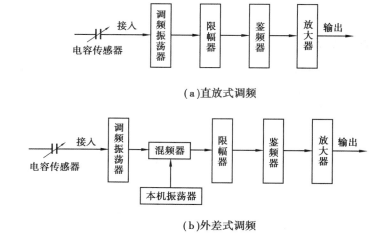

(a)直放式调频

(b)外差式调频

图 3.12 调频电路系统原理框图

3.2.3　运算放大器测量电路

将电容式传感器接入开环放大倍数为 A 的运算放大电路中,作为电路的反馈组件,如图 3.13 所示。图中 U_i 是交流电源电压,C_0 是固定电容,C_x 是传感器电容,U_o 是放大器输出电压。由运算放大器的工作原理可得

$$U_o = -\frac{C_0}{C_x}U_i$$

对于平板式电容器有

$$C_x = \frac{\varepsilon A}{d_x}$$

则

$$U_o = -\frac{C_0}{C_x}U_i = -\frac{C_0 U_i}{\varepsilon A}d_x \tag{3.23}$$

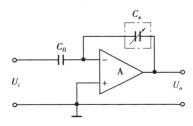

图 3.13　运算放大器测量电路

由式(3.23)可知,运算放大器的输出电压与极板间距 d_x 成线性关系,式中符号"-"表示输出与输入电压反向。运算放大器电路从原理上解决了变间隙式电容传感器特性的非线性问题,但要求放大器的开环放大倍数和输入阻抗足够大。为了保证仪器精度,还要求电源的电压幅值和固定电容的容量稳定。

【技能训练】运用电容式传感器进行厚度、压力、荷重、加速度等测量。

(1)电容式测厚仪

电容式测厚仪是用来测量金属带材在轧制过程中厚度的传感器。其工作原理如图 3.14 所示。在被测带材的上下两边对称放置两块平行极板,与带材组成变间隙式差动电容传感器。把两块极板用导线连起来就成为一块极板,而带材则是电容器的另一极板,其总电容 $C = C_1 + C_2$。当带材的厚度发生变化时,导致带材与两块极板的间距发生变化,总电容 $C = C_1 + C_2$ 也发生相应的变化。

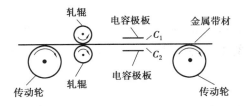

图 3.14　电容式测厚仪原理图

如果总电容量 C 作为交流电桥的一个桥臂,电容的变化将引起电桥的输出不平衡,经过放大、检波、滤波,最后在仪表上显示出带材的厚度。

（2）电容式压力传感器

图 3.15 所示为差动式电容压力传感器的结构原理图。图中所示膜片为动电极,两个在凹形玻璃上的金属镀层为固定电极,从而构成差动电容器。将两个电容分别接在电桥的两个桥臂上,构成差动电桥,如图 3.11（b）所示。

当被测压力 P_1、P_2 作用于膜片上时,如果 $P_1 = P_2$,则膜片静止不动,传感器输出电容 $C_{x1} = C_{x2}$,电桥输出为零。当 $P_1 \neq P_2$ 时,膜片产生位移,从而使两个电容器的电容一个增大,一个减小,电桥失去平衡,电桥的输出与 P_1、P_2 的压差成正比。

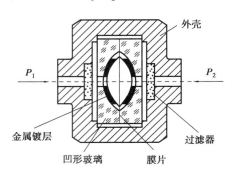

图 3.15　差动式电容压力传感器的结构原理图

（3）电容式加速度传感器

图 3.16 所示为差动电容式加速度传感器结构图,它的两个固定电极与壳体绝缘,中间有一个弹簧支撑的质量块,质量块的两端面经磨平抛光后作为电容器的动极板与壳体相连。使用时,将传感器固定在被测物体上,当被测物体振动时,传感器随被测物体一起振动,质量块在惯性空间中相对静止,而两个固体电极相对于质量块在垂直方向产生位移的变化,从而使两个电容器极板间距离发生变化,电容器的电容 C_1、C_2 产生大小相同、符号相反的增量。将 C_1、C_2 接到图 3.11（b）所示的差动电桥上,电桥的输出正比于被测加速度的大小。

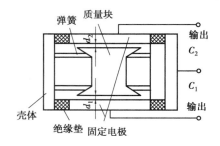

图 3.16　差动电容式加速度传感器结构图

电容式加速度传感器的主要特点是频率响应快、测量范围宽、大多采用空气或其他气体作为阻尼物质。

（4）电容式荷重传感器

图 3.17 所示为电容式荷重传感器结构示意图。它是在镍铬钼钢块上加工出一排等尺寸等间距的圆孔,在圆孔内壁粘贴上有绝缘支架的平板式电容器,再将每个电容器并联连接。当钢块上有外力作用时,将产生变形,从而使圆孔中的电容器极板间距产生变化,电容器的电容发生变化,且电容的变化量与作用力成正比。

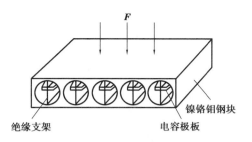

图 3.17　电容式荷重传感器结构示意图

这种传感器的主要优点是受接触面的影响小,测量精度高。由于电容器放在钢块的孔内,从而提高了抗干扰能力。该传感器在地球物理、表面状态检测以及自动检测和控制中得到了广泛的应用。

项目小结

本项目介绍了电容式传感器的结构、原理、测量电路及应用。电容式传感器是把被测非电量转化为电容量变化的一种传感器,可分为变面积型、变极距型和变介电常数型三种类型。

变面积型电容传感器的特性公式为

$$\frac{\Delta C}{C_0} = -\frac{\Delta x}{a}$$

电容变化量与被测量呈线性关系,可测大的直线位移和角位移。单电容变极距型电容传感器的特性公式为

$$\frac{\Delta C}{C_0} = \frac{\Delta d}{d_0}$$

其灵敏度和线性度是矛盾的,可采用差分结构来提高它的灵敏度,同时减小非线性误差。变介电常数型电容传感器的电容变化量与被测非电量为线性关系,常用来测量物位。

电容式传感器常用的测量电路有桥式测量电路、调频电路、运算放大器测量电路等,这些电路的主要功能是检测出微小的电容变化量,并把电容的变化转化为电压的变化,且输出输入具有线性关系。

电容式传感器具有结构简单、灵敏度高、动态响应快、适应性强等优点,常用于测量压力、加速度、微小位移、液位等。

知识拓展

(1)电容式接近开关

电容式接近开关的结构如图 3.18 所示。测量头构成电容器的一个极板,另一个极板是物体本身,当物体移向接近开关时,物体和接近开关的介电常数发生变化,使得和测量头相连的电路状态也随之变化。接近开关的检测物体,并不限于金属导体,也可以是绝缘的液体或粉状物体。

(2)电容式振动位移传感器

电容式位移传感器如图 3.19 所示。这种传感器在使用时,常把被测对象作为一个电极

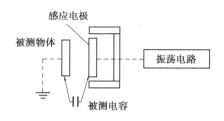

图 3.18　电容式接近开关结构图

使用,而将传感器本身的平面测试端电极作为电容器的另一极,通过电极座由引线接入电路;壳体与测试端电极间有绝缘衬套使彼此绝缘;壳体作为夹持部分,被夹持在标准台架或其他支承上,壳体接大地可起屏蔽作用。可测量 0.05 μm 的位移,故电容式位移传感器特别适合于测量高频振动的微小位移。

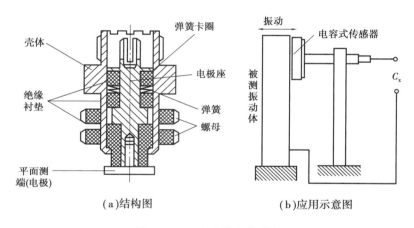

（a）结构图　　　　　　　　（b）应用示意图

图 3.19　电容式位移传感器

思考与练习

(1)电容式传感器的工作原理是什么? 可分成几种类型?

(2)试说明差动式电容传感器结构是如何提高测量灵敏度,减小非线性误差的?

(3)为什么变面积式电容传感器的测量位移范围大?

(4)电容式传感器的测量转换电路主要有哪些?

(5)有一个以空气为介质的变面积型平板电容式传感器,如图 3.7(a)所示,其中 $a = 8$ mm,$b = 12$ mm,两极板间距 $d = 1$ mm。当动极板在原始位置上平移了 5 mm 后,求传感器电容量的变化 ΔC 及电容相对变化量 $\dfrac{\Delta C}{C_0}$。(空气的相对介电常数 $\varepsilon_r = 1$,真空的介电常数 $\varepsilon_0 = 8.854 \times 10^{-12}$ F/m)

(6)说明电容式测厚、压力、加速度、荷重传感器的组成、原理及主要特点?

项目 4

电感式传感器及应用

【项目描述】电感式传感器是利用电感原理将被测量转换成线圈自感系数或互感系数的变化,再由测量电路转换为电压或电流的变化量输出的一种装置。利用电感式传感器可以把连续变化的线位移或角位移转换成线圈的自感或互感的连续变化,经过一定的转换电路再变成电压或电流信号以供显示。它除了可以对直线位移或角位移进行直接测量外,还可以通过一定的感受机构对一些能够转换成位移量的其他非电量,如振动、压力、应变、流量等进行检测。

【学习目标】掌握自感式电感传感器的工作原理;了解变隙式、变截面积式、螺线管式电传感器的结构形式,并能分析它们的输出特性;掌握差动式电传感器的特点;了解电阻平衡臂电桥、变压器电桥等测量电路的工作原理;掌握螺管式差动变压器的工作原理;了解差动变压器的基本特性;了解差动相敏检波电路的测量原理;了解电涡流传感器的工作原理;了解电感式位移、压力、加速度传感器、电涡流式转速计的实际应用。

【技能目标】根据实际要求将位移、振动、加速度、压力、转速等非电量转换为电流或频率信号,并能选择合适的电感式传感器的结构形式和测量电路。

任务 4.1　自感式传感器

【活动情景】我们可以做下面的实验:将一只 380 V 的交流接触器线圈与交流毫安表串联后,接到机床用控制变压器的 36 V 交流电压源上,如图 4.1 所示。这时毫安表的示值约为几十毫安。用手慢慢将接触器的活动铁芯(衔铁)往下按,我们会发现毫安表的读数逐渐减小。当衔铁与固定铁芯之间的气隙等于零时,毫安表的读数只剩下十几毫安。我们可以用本例中自感量随气隙而改变的原理来制作测量位移的自感式传感器。

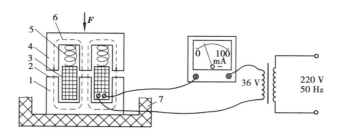

图 4.1　带铁芯线圈的气隙与电感量及电流的关系实验

1—固定铁芯;2—气隙;3—线圈;4—衔铁;5—弹簧;6—磁力线;7—绝缘外壳

【任务要求】掌握自感式传感器的工作原理和测量电路,根据实际要求进行位移、振动、加速度、压力、转速等非电量测量。

【基本活动】

自感式传感器是利用自感量随气隙而改变的原理制成的,用来测量位移。自感式传感器主要有闭磁路变隙式和开磁路螺线管式,它们又都可以分为单线圈式与差动式两种结构形式。

4.1.1　基本工作原理

由电工知识可知,线圈的自感量等于线圈中通入单位电流所产生的磁链数,即线圈的自感系数 $L = \psi / I = N\Phi / I(H)$。$\psi = N\Phi$ 为磁链,Φ 为磁通(Wb),I 为流过线圈的电流(A),N 为线圈匝数。根据磁路欧姆定律:$\Phi = \mu NIS / l$,μ 为磁导率,S 为磁路截面积,l 为磁路总长度。令 $R_m = l / \mu S$ 为磁路的磁阻,可得线圈的电感量为:

$$L = \frac{N\varphi}{I} = \frac{\mu N^2 S}{l} = \frac{N^2}{R_m} \tag{4.1}$$

如图 4.2 所示,磁路的总长度包括铁芯长度 l_{i1}、衔铁长度 l_{i2} 和两个空气隙 l_0 的长度,即 $l = l_{i1} + l_{i2} + 2l_0$。因铁心和衔铁均为导磁材料,磁阻可忽略不计,则式(4.1)可改写为

$$L = N^2 / R_m \approx \frac{N^2 \mu_0 S_0}{2l_0} \tag{4.2}$$

式中,S_0 为气隙的等效截面积;μ_0 为空气的磁导率。只要被测非电量能够引起空气隙长度 l_0 或等效截面积 S_0 发生变化,线圈的电感量就会随之变化。因此,电感式传感器从原理上可分为变气隙长度式和变气隙截面式两种类型。

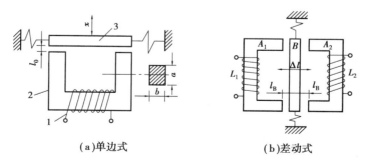

图 4.2　变气隙式自感式传感器的结构原理图

1—线圈;2—铁芯;3—衔铁

(1)变气隙式(闭磁路式)自感传感器

变气隙式自感式传感器的结构原理如图4.2所示,图4.2(a)为单边式,图4.2(b)为差动式。它们由铁心线圈、衔铁、测杆及弹簧等组成。

变气隙长度式传感器的线性度差、示值范围窄、自由行程小,但在小位移下灵敏度很高,常用于小位移的测量。

变截面式传感器具有良好的线性度、自由行程大、示值范围宽,但灵敏度较低,通常用来测量比较大的位移。

为了扩大示值范围和减小非线性误差,可采用差动结构。将两个线圈接在电桥的相邻臂,构成差动电桥,不仅可使灵敏度提高1倍,而且使非线性误差大大减小。如当 $\Delta x/l_0 =$ 10%时,单边式非线性误差小于10%,而差动式非线性误差小于1%。

(2)螺线管式(开磁路式)自感式传感器

螺线管式自感式传感器常采用差动式。如图4.3所示,它是在螺线管中插入圆柱形铁芯而构成的。其磁路是开放的,气隙磁路很长。有限长螺线管内部磁场沿轴线非均匀分布,中间强、两端弱。插入铁芯的长度不宜过短也不宜过长,一般铁芯与线圈长度比为0.5,半径比趋于1为宜。铁磁材料的选取决定于供桥电源的频率,500 Hz以下多用硅钢片,500 Hz以上多用坡莫合金,更高频率则选用铁氧体。从线性度考虑,匝数和铁芯长度有一最佳数值,应通过实验选定。

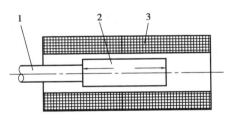

图4.3 螺线管式自感式传感器的结构原理

1—测杆 2—衔铁 3—线圈

螺线管式自感传感器具有结构简单、装配容易、自由行程大、示值范围宽等优点,缺点是灵敏度较低,易受外部磁场干扰。目前,该类传感器随放大器性能提高而得以广泛应用。

4.1.2 自感式传感器的测量电路

自感式传感器的测量电路用来将电感量的变化转换成相应的电压或电流信号,以便供放大器进行放大,然后用测量仪表显示或记录。

自感式传感器的测量电路有交流分压式、交流电桥式和谐振式等多种,常用的差动式传感器大多采用交流电桥式。交流电桥的种类很多,差动形式工作时其电桥电路常采用双臂工作方式。两个差动线圈 Z_1 和 Z_2 分别作为电桥的两个桥臂,另外两个平衡臂可以是电阻或电抗,或者是带中心抽头的变压器的两个二次绕组或紧耦合线圈等形式。

(1)变压器电桥

采用变压器副绕组作平衡臂的电桥如图4.4所示。因为电桥有两臂为传感器的差动线圈的阻抗,所以该电路又称为差动交流电桥。

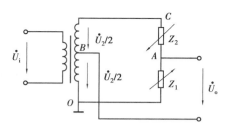

图 4.4 变压器式交流电桥电路图

设 O 点为电位参考点,根据电路的基本分析方法,可得到电桥输出电压为

$$U_o = (\frac{Z_1}{Z_1 + Z_2} - \frac{1}{2}) U_2 \tag{4.3}$$

当传感器的衔铁处于初始平衡位置时,两线圈的电感相等,阻抗也相等,即 $Z_{10} = Z_{20} = Z_0$,其中 Z_0 表示衔铁处于初始平衡位置时每一个线圈的阻抗。由式(4.3)可知,这时电桥输出电压 $U_o = 0$,电桥处于平衡状态。

当衔铁向一边移动时,则一个线圈的阻抗增加,即 $Z_1 = Z_0 + \Delta Z$,而另一个线圈的阻抗减小,即 $Z_2 = Z_0 - \Delta Z$,代入式(4.3)得

$$U_o = (\frac{Z_0 + \Delta Z}{2Z_0} - \frac{1}{2}) U_2 = \frac{\Delta Z}{2Z_0} U_2 \tag{4.4}$$

当传感器线圈为高 Q 值时(一般均能满足此条件),则线圈的电阻远小于其感抗。即 $R \ll \omega L$,则根据式(4.4)可得到输出电压 U_o 的近似值为

$$U_o = \frac{\Delta L}{2L_0} U_2 \tag{4.5}$$

同理,当衔铁向另一边(反方向)移动时,则有

$$U_o = -\frac{\Delta L}{2L_0} U_2 \tag{4.6}$$

综合式(4.5)和式(4.6)可得电桥输出电压 U_o 为

$$U_o = \pm \frac{\Delta L}{2L_0} U_2 \tag{4.7}$$

式(4.7)表明,差动式自感传感器采用变压器交流电桥为测量电路时,电桥输出电压与电感变化量呈线性关系。

(2)带相敏整流的交流电桥

上述变压器式交流电桥中,由于采用交流电源,不论衔铁向线圈的哪个方向移动,电桥输出电压总是交流的,即无法判别位移的方向。为了既能判别衔铁位移的大小,又能判断出衔铁位移的方向,通常在交流测量电桥中引入相敏整流电路,把测量桥的交流输出转换为直流输出,而后用零值居中的直流电压表测量电桥的输出电压。

Z_1、Z_2 和两个 R 构成了交流电桥,差动自感传感器的两个线圈 Z_1、Z_2 作为两个相邻的桥臂,平衡电阻为另外两个桥臂;$VD_1 \sim VD_4$ 四只二极管组成相敏整流电路。

U_i 为供桥交流电压,U_0 为测量电路的输出电压,由零值居中的直流电压表指示输出电压的大小和极性,如图 4.5 所示。

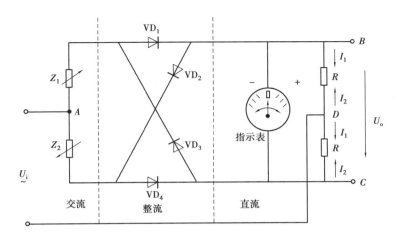

图 4.5 带相敏整流测量电桥

①当衔铁处于中间位置时,即 $Z_1 = Z_2 = Z$。

由于桥路结构对称,此时 $U_B = U_C$,即 $U_o = U_B - U_C = 0$。

②当衔铁上移时,Z_1 增大,Z_2 减小,即 $Z_1 = Z + \Delta Z$,$Z_2 = Z - \Delta Z$。

如果输入交流电压为正半周,电路中二极管 VD_1、VD_4 导通,VD_2、VD_3 截止,电流方向为 I_1 和 I_2,因 $Z_1 > Z_2$,所以 $I_1 < I_2$,此时

$$U_o = U_B - U_C = U_{BD} + U_{DC} = I_1 R - I_2 R = (I_1 - I_2)R > 0 \qquad (4.8)$$

同理,如果输入交流电压为负半周,$U_0 < 0$。

无论电源为正半周或负半周,测量桥的输出状态不变,输出均为 $U_0 < 0$,此时直流电压表反向偏转,读数为负,表明衔铁上移。

③当衔铁下移时,Z_1 减小,Z_2 增大,即 $Z_1 = Z - \Delta Z$,$Z_2 = Z + \Delta Z$。

如果输入交流电压为正半周,因为 $Z_2 > Z_1$,所以 $I_1 > I_2$,此时

$$U_o = U_B - U_C = (I_1 - I_2)R > 0 \qquad (4.9)$$

如果输入交流电压为负半周,同理可分析出 $U_o > 0$。

这说明无论电源正半周或负半周,测量桥的输出状态不变,输出均为 $U_o > 0$,此时直流电压表正向偏转,读数为正,表明衔铁下移。

综上所述可知,采用带相敏整流的交流电桥,其输出电压既能反映位移量的大小,又能反映位移的方向,所以应用较为广泛。

【技能训练】自感式传感器的应用很广泛,它不仅可直接用于测量位移,还可以用于测量振动、应变、厚度、压力、流量、液位等非电量。

(1)自感式压力传感器

图 4.6 所示为 BYM 型自感式压力传感器的结构原理图,它属于变隙式差动传感器中的一种,其弹性敏感元件为弹簧管,其测量电路为变压器式交流电桥,其电压输出端应接相敏整流电路。

当被测压力 p 变化时,弹簧管 1 产生变形,其自由端(A 端)产生位移,带动与之刚性连接的衔铁 3 移动,使传感器的线圈 5、7 的电感量发生大小相等,符号相反的变化,通过交流电桥测量电路即可将此电感量的变化转换成电压输出,其输出电压的大小与被测压力成正比。

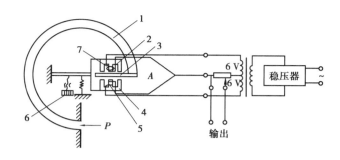

图 4.6　BYM 型压力传感器
1—弹簧管;2、4—铁芯;3—衔铁;5、7—线圈;6—调节螺钉

（2）自感式测厚仪

图 4.7 所示为自感测厚仪,它采用差动结构,其测量电路为带相敏整流的交流电桥。当被测物的厚度发生变化时,引起测杆上下移动,带动可动铁心产生位移,从而改变了气隙的厚度,使线圈的电感量发生相应的变化。此电感变化量经过带相敏整流的交流电桥测量后,送测量仪表显示,其大小与被测物的厚度成正比。

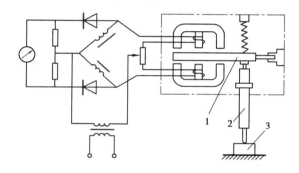

图 4.7　可变气隙式电感测微计原理图
1—可动铁芯;2—测杆;3—被测

任务 4.2　差动变压器式传感器

【活动情景】电源中用到的单相变压器有一个一次绕组,有若干个二次绕组。当一次绕组加上交流激磁电压 U_i 后,将在二次绕组中产生感应电压 U_0。在全波整流电路中,两个二次绕组串联,总电压等于两个二次绕组的电压之和。但是,当我们将其中一个二次绕组的同名端对调后再串联时,就会发现总电压非但没有增加,反而相互抵消,我们称这种接法为差动接法。如果将变压器的结构加以改造,将铁芯做成可以活动的,就可以制成用于检测非电量的差动变压器式传感器。

【任务要求】掌握差动变压器式传感器的工作原理和测量电路,根据实际要求进行振动、加速度、应变、压力、张力、比重和厚度的测量。

【基本活动】

把被测的非电量变化转换为线圈互感变化的传感器称为互感式传感器。因这种传感器是根据变压器的基本原理制成的,并且其二次绕组都用差动形式连接,所以又叫差动变压器式传感器,简称差动变压器。它的结构形式较多,在非电量测量中,应用最多的是螺线管式的差动变压器。

4.2.1 基本工作原理

如图 4.8 所示为螺线管式差动变压器的结构示意图。由图可知,它主要由绕组组合、活动衔铁和导磁外壳等组成。绕组包括一、二次绕组和骨架等部分。图 4.9 所示是理想的螺线管式差动变压器的原理图。将两匝数相等的二次绕组的同名端反向串联,并且忽略铁损、导磁体磁阻和绕组分布电容的理想条件下,当一次绕组 N_1 加以励磁电压 $\dot{U}_i$ 时,则在两个二次绕组 N_{21} 和 N_{22} 中就会产生感应电动势 $\dot{E}_{21}$ 和 $\dot{E}_{22}$(二次开路时即为 $\dot{U}_{21}$、$\dot{U}_{22}$)。若工艺上保证变压器结构完全对称,则当活动衔铁处于初始平衡位置时,必然会使两二次绕组磁回路的磁阻相等,磁通相同,互感系数 $M_1 = M_2$,根据电磁感应原理,将有 $\dot{E}_{21} = \dot{E}_{22}$ 由于两二次绕组反向串联,因而 $\dot{U}_0 = \dot{U}_{21} - \dot{U}_{22} = 0$ 即差动变压器输出电压为零,即

$$\dot{U}_{21} = -j\omega M_1 \dot{I}_1 \qquad \dot{E}_{22} = -j\omega M_2 \dot{I}_1 \qquad (4.10)$$

式中,ω 为激励电源角频率,单位为 rad/s;M_1、M_2 为一次绕组 N_1 与二次绕组 N_{21}、N_{22} 间的互感量,单位为 H;$\dot{I}_1$ 为一次绕组的激励电流,单位为 A。

$$\dot{U}_0 = \dot{E}_{21} - \dot{E}_{22} = -j\omega(M_1 - M_2)\dot{I}_1 = j\omega(M_2 - M_1)\dot{I}_1 = 0 \qquad (4.11)$$

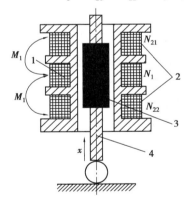

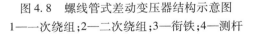

图 4.8 螺线管式差动变压器结构示意图

1—一次绕组;2—二次绕组;3—衔铁;4—测杆

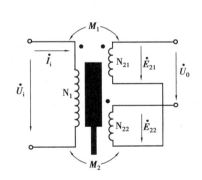

图 4.9 螺线管式差动变压器原理图

当活动衔铁向二次绕组 N_{21} 方向(向上)移动时,由于磁阻的影响,N_{21} 中的磁通将大于 N_{22} 中的磁通,即可得 $M_1 = M_0 + \triangle M$、$M_2 = M_0 - \triangle M$ 从而使 $M_1 > M_2$,因而必然会使 $\dot{E}_{21}$ 增加,$\dot{E}_{22}$ 减小。因为 $\dot{U}_0 = \dot{E}_{21} - \dot{E}_{22} = -2j\omega \triangle M \dot{I}_1$。综上分析可得

$$\dot{U}_0 = \dot{E}_{21} - \dot{E}_{22} = \pm 2j\omega \triangle M \dot{I}_1 \qquad (4.12)$$

式中的正负号表示输出电压与励磁电压同相或者反相。

4.2.2　基本特性

（1）灵敏度

差动变压器的灵敏度是指衔铁移动单位位移时所产生的输出电压的变化，即输出电压 U_2 与输入位移变化量 $\triangle X$ 之比，用 K_E 表示：

$$K_E = \frac{U_2}{\Delta X} \tag{4.13}$$

影响灵敏度的主要因素有：激励电源电压和频率。关系曲线如图4.10和图4.11所示。

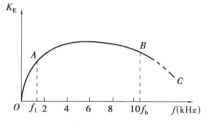

图 4.10　K_E—f 关系曲线

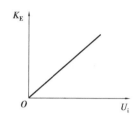

图 4.11　K_E—U_i 关系曲线

此外影响灵敏度的因素还有差动变压器一、二次绕组的匝数比、衔铁直径与长度、材料质量、环境温度、负载电阻等。

提高灵敏度可以采取以下措施：适当提高励磁电压；提高线圈品质因数值；增大衔铁直径；选取导磁性能好、铁损小以及涡流损耗小的导磁材料制作的衔铁与导磁外壳等。

（2）线性度

如图4.12所示为螺线管式差动变压器输入、输出特性曲线，理想的差动变压器输出电压应与衔铁位移形成线性关系。但实际上有很多因素影响着差动变压器的线性度，如骨架形状和尺寸的精确性，线圈的排列（影响磁场分布和寄生电容），铁心的尺寸与材质（影响磁阻、衔铁端部效应和散漏磁通），励磁频率和负载状态等。实验证明，影响螺线管式差动变压器线性度的主要因素是两个二次绕组的结构（端部和外层结构）。为使差动变压器具有较好的线性度，一般取测量范围为线圈骨架长度的1/10到1/4，励磁频率采用中频（400 Hz 到 10 kHz），并配用相敏检波式测量电路。以上方法均可改善差动变压器的线性度。

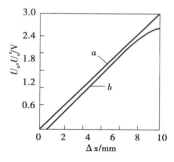

图 4.12　螺线管式差动变压器的输入、输出特性曲线

a—理论特性；b—实际特性

4.2.3 测量电路

差动变压器的转换电路一般采用反串联电路和桥路两种。反串联电路就是直接把两个二次绕组反向串接,如图4.9所示。在这种情况下,空载输出电压等于两个二次绕组感应电动势之差,即

$$\dot{U}_\text{o} = \dot{E}_{21} - \dot{E}_{22} \tag{4.14}$$

桥路如图4.13所示。其中 R_1、R_2 是桥臂电阻,RP 是供调零用的电位器。暂不考虑电位器 RP,并设 $R_1 = R_2$,则输出电压为

$$\dot{U}_\text{o} = \frac{\dot{E}_{21} - (-\dot{E}_{22})}{R_1 + R_2} \cdot R_2 - \dot{E}_{22} = \frac{1}{2}(\dot{E}_{21} - \dot{E}_{22}) \tag{4.15}$$

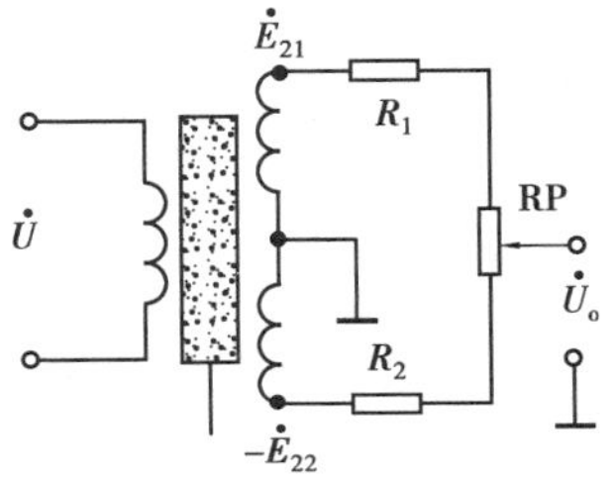

图4.13 差动变压器使用的桥路

可见,这种电路的灵敏度为前一种的1/2,其优点是利用 RP 可进行电调零,不再需要另配置调零电路。但差动变压器的输出电压是交流分量,它与衔铁位移成正比,在用交流电压表进行测量输出电压时,存在着零点残余电压输出无法克服以及衔铁的移动方向无法判别等问题。为此,常用差动相敏检波电路和差动整流电路来解决。

(1)差动相敏检波电路

图4.14所示为差动相敏检波电路的两个例子,要求参考电压 $\dot{U}_R$ 与 $\dot{U}_\text{o}$ 频率相同、相位相同(或相反),因而可以在电路中接入移相电路来实现。另外参考电压 $\dot{U}_R$ 在电路中起开关控制作用,为了克服死区电压就要求 $\dot{U}_R$ 的幅值应大于二极管导通电压的若干倍。

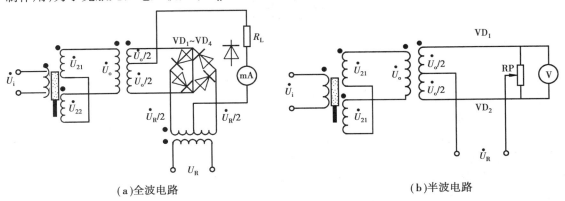

(a)全波电路　　　　　　　　(b)半波电路

图4.14 差动相敏检波电路

（2）差动整流电路

差动整流电路也能克服零点残余电压的影响,如图4.15所示的测量转换电路。二次侧电压分别经两个普通桥式电路整流,变成直流电压 U_{a0}、U_{b0}。因 U_{a0}、U_{b0} 是反向串联,所以 $U_{c3} = U_{ab} = U_{a0} - U_{b0}$ 称之为差动整流电压。由于整流后的电压是直流电,不存在相应不平衡的问题。只要电压的绝对值相等,差动整流电路就不会产生零点残余电压。图中 C_3、C_4、R_3、R_4 组成低通滤波电路,要求时间常数 τ 必须大于 $\dot{U}_i$ 的周期10倍以上。集成运放 A 与 R_{21}、R_{22}、R_f、R_{23} 组成差动减法放大器,用于克服 a、b 两点对地的共模电压,RP 是微调电路平衡的电位器。

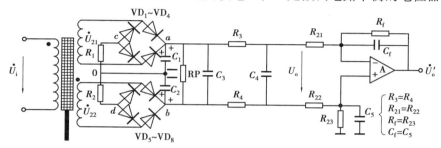

图4.15　差动整流电路

【技能训练】差动变压器不仅可以直接用于位移测量,而且还可以测量与位移有关的任何机械量,如振动、加速度、应变、压力、张力、比重和厚度等。

（1）测量振动的应用

如图4.16(a)所示为测量振动的原理框图。图中传感器的原理结构如图4.16(b)所示,它由悬臂梁1和差动变压器2构成。悬臂梁起支承与动平衡作用。测量时,将悬臂梁底座及差动变压器的线圈骨架固定,而将衔铁的 A 端与被测振动体相连。当被测体带动衔铁以 $\triangle x(t)$ 振动时,导致差动变压器的输出电压变化。

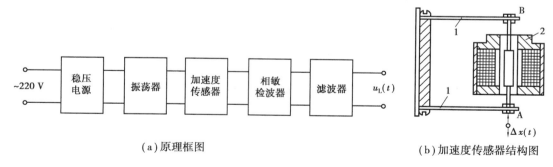

（a）原理框图　　　　　　　　　　　　　　（b）加速度传感器结构图

图4.16　振动测量原理图
1—悬臂梁;2—差动变压器

（2）压力测量

如图4.17所示的差动压力变压器的结构及电路图。它适用于测量各种生产流程中液体、水蒸气及气体压力等。由图4.17可知,在无压力(即 $P_1 = 0$)时,连接在膜盒中心的衔铁位于差动变压器的初始平衡位置,即保证传感器的输出电压为零。当被测压力 P_1 由接头1输入到膜盒2中,膜盒的自由端面(图示上端面)便产生一个与被测压力 P_1 成正比的位移,且带动衔铁6在垂直方向上移动,因此,差动压力变压器有正比于被测压力的电压输出。此压力变压器的电气框图如图 4.17(b)所示,压力变压器已将传感器与信号处理电路组合在一个壳体中,输出信号可以是电压,也可以是电流。由于电流信号不易受干扰,且便于远距离传输(可以不考虑线路压降),所以在使用中多采用电流输出型。

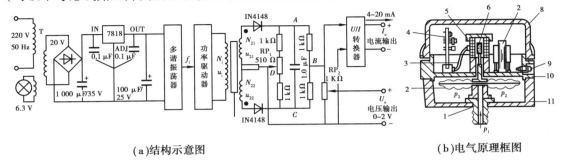

(a)结构示意图　　　　　　　　　　　　　　　(b)电气原理框图

图 4.17　差动压力变压器的结构及电路

1—压力输入接头;2—波纹膜盒;3—电缆;4—印制电路板;5—差动线圈;
6—衔铁;7—电源变压器;8—罩壳;9—指示灯;10—密封隔板;11—安装底座

任务 4.3　电涡流式传感器

【活动情景】基于法拉第电磁感应现象,块状金属导体置于变化的磁场中或在磁场中作切割磁力线运动时,导体内将产生呈涡旋状的感应电流,此电流叫电涡流。这种现象称为电涡流效应。根据电涡流效应制成的传感器称为电涡流式传感器。

【任务要求】电涡流式传感器结构简单,其最大特点是可以实现非接触测量,因此在工业检测中得到了越来越广泛的应用。学习了电涡流式传感器的原理、测量电路后,在位移、厚度、振动、速度、流量和硬度等测量方面,都可以使用电涡流式传感器来进行检测。

【基本活动】

电涡流式传感器结构简单,其最大特点是可以实现非接触测量,因此在工业检测中得到了越来越广泛的应用。例如位移、厚度、振动、速度、流量和硬度等,都可以使用电涡流式传感器来测量。

4.3.1　基本工作原理

穿过闭合导体的磁通发生变化,就会产生感应电流。其方向可用右手定则确定。因此,一个绕组中的电流发生变化就会在相邻其他绕组中感应出电动势,称为互感。两绕组的互感为

$$M = K\sqrt{L_1 L_2} \tag{4.16}$$

式中,K 为耦合系数。电磁感应是电磁式、电涡流式、互感式(差动变压器)传感器所依据的原理。

成块的金属物体置于变化着的磁场中,或者在磁场中运动时,在金属导体中会感应出一圈圈自相闭合的电流,称为电涡流。电涡流式传感器是一个绕在骨架上的导线所构成的空心绕组,它与正弦交流电源接通,通过绕组的电流会在绕组周围空间产生交变磁场。当导电的金属靠近这个绕组时,金属导体中便会产生电涡流,如图 4.18 所示。涡流的大小与金属导体的电阻率 ρ、磁导率 μ、厚度 d、绕组与金属导体的距离 x,以及绕组励磁电流的角频率 ω 等参

数有关。如果固定其中某些参数不变,就能由电涡流的大小测量出另外一些参数。

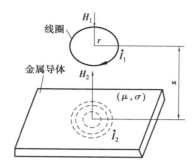

图 4.18　电涡流作用原理图

由电涡流所造成的能量损耗将使绕组电阻有功分量增加,由电涡流产生反磁场的去磁作用将使绕组电感量减小,从而引起绕组等效阻抗 Z 及等效品质因数 Q 值的变化。所以凡是能引起电涡流变化的非电量,例如金属的电导率、磁导率、几何形状、绕组与导体的距离等,均可通过测量绕组的等效电阻 R、等效电感 L、等效阻抗 Z 及等效品质因数 Q 来测量。这便是电涡流式传感器的工作原理。

4.3.2　电涡流式传感器的结构

电涡流式传感器的结构比较简单,主要是一个绕制在框架上的绕组,目前使用比较普遍的是矩形截面的扁平绕组。绕组的导线应选用电阻率小的材料,一般采用高强度漆包铜线,如果要求高一些可用银线或银合金线,在高温条件下使用时可用铼钨合金线。对绕组框架要求用损耗小、电性能好、热膨胀系数小的材料。一般可选用聚四氟乙烯、高频陶瓷、环氧玻璃纤维等。在采用绕组与框架端面胶接的形式时,胶水亦要选择适当,一般可以选用粘贴应变片用的胶水。

如图 4.19 所示为 CZF-1 型传感器的结构图,它采用导线绕在框架上的形式,框架材料为聚四氟乙烯。

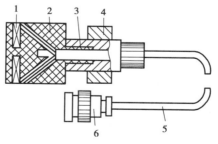

图 4.19　CZF-1 型传感器的结构图
1—线圈;2—框架;3—框架衬套;4—支座;5—电缆;6—插头

4.3.3　测量电路

在电工课程中我们已经知道电感和电容可构成谐振电路,因此电感式、电容式和电涡流式传感器都可以采用谐振电路来转换。谐振电路的输出也是调制波,控制幅值变化的称调幅波,控制频率变化的称调频波。调幅波要经过幅值检波,调频波要经过鉴频才能获得被测量的电压。谐振电路调幅原理如图 4.20 所示。

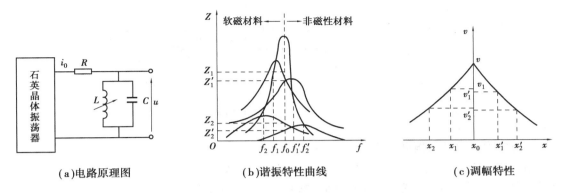

（a)电路原理图　　　　（b)谐振特性曲线　　　　（c)调幅特性

图 4.20　谐振电路调幅原理图

CZF-1 型电涡流传感器测量电路框图如图 4.21 所示。晶体振荡器输出频率固定的正弦波,经耦合电阻 R 接电涡流传感器绕组与电容器的并联电路。当 LC 谐振频率等于晶振频率时输出电压幅度最大,偏离时输出电压幅度随之减小,是一种调幅波。该调幅信号经高频放大、检波、滤波后输出与被测量相应变化的直流电压信号。

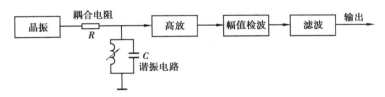

图 4.21　CZF-1 型电涡流传感器测量电路框图

【技能训练】根据实际要求,选用电涡流式传感器进行振动、加速度、应变、压力、张力、比重和厚度的测量。

（1)电涡流式传感器测位移

使用电涡流式传感器可以测量各种形状试件的位移量,如图 4.22 所示。测量位移的范围为 0～1 mm 或 0～30 mm。一般的分辨率为满量程的 0.1% ,其绝对值可达 0.05 μm(满量程为 0～5 μm)。凡是可以变成位移变化的非电量,如钢水液位、纱线张力和流体压力等,都可使用涡流式传感器来测量。

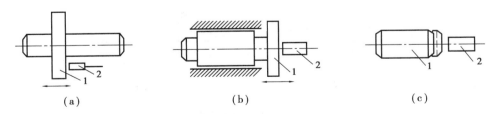

（a)　　　　　　　　（b)　　　　　　　　（c)

图 4.22　位移测量原理图
1—试件;2—传感器

（2)电涡流式传感器测振幅

电涡流式传感器还可以用来测量各种振动的振幅,如图 4.23 所示。为了研究机床等各部位的振动,可用多个电涡流传感器同时检测各点的振动情况。

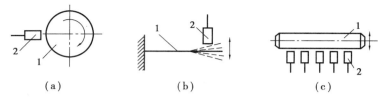

图 4.23　振幅测量原理图
1—试件;2—传感器

（3）电涡流式传感器测转速

在金属旋转体上开一条或数条槽,或做成齿,旁边安装一个电涡流式传感器,如图4.24所示。当转轴转动时,传感器与转轴之间的距离在周期地改变着。于是它的输出信号也周期性地发生变化,此输出信号经放大、变换后,可以用频率计测出其变化频率,从而测出转轴的转速。若转轴上开 Z 个槽,频率计的读数为 f（单位为 Hz）,则转轴的转速 n（单位为 r/min）的数值为

$$n = \frac{60f}{Z} \qquad (4.17)$$

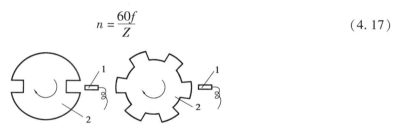

图 4.24　转速测量原理图
1—传感器;2—试件

（4）电涡流式传感器测厚

电涡流式传感器也可以用来检测金属板厚度和非金属板的镀层厚度,如图 4.25 所示。图 4.25（a）为电涡流式传感器测量厚度的原理图,当金属板厚度变化时,将使金属板和传感器间的距离改变,从而引起输出电压的变化。由于在工作过程中金属板会上下移动,影响测量精度,因此一般电涡流式传感器用于金属板厚度检测时,常常采用图 4.25（b）的方案,可以消除金属板波动影响。

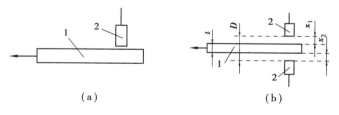

图 4.25　厚度测量原理图
1—试件;2—传感器图

（5）电涡流探伤

电涡流式传感器还可以用于检查金属表面裂纹及对焊接部位的无损探伤等。使传感器与被测物体间的距离保持不变,如有裂纹出现,将引起金属电阻率、磁导率的变化,通过测量

传感器参数的变化即可达到探伤的目的。

项目小结

本项目主要介绍了自感式电感传感器、差动式变压器、电涡流传感器的工作原理、结构形式、测量电路应用。

自感式电感传感器是将被测的位移量转换为线圈自感的变化,通过测量转换电路以电压或者电流的形式表示。自感式电感传感器有变截面积式、变系式电感传感器和螺线管式电感传感器,他们常采用差动式结构,测量电路通常都采用交流电桥电路,入电阻平横臂电桥和变压器电桥。

互感型电感传感器实质上是一个输出电压可变的变压器,所以又称为差动变压器、差动变压器主要由初级线圈、次级线圈、衔铁和线圈框架等组成。点变压器初级线圈输出稳定交流电压后,差动变压器将被测量的变化转换成互感系数的变化,由此次级线圈产生的感应电量,常采用差动相敏波测量电路得到位移的大小和方向。

电涡流传感器可分为高频反射式涡流传感器和低频透射式涡流传感器两类。高频反射式涡流传感器的应用较为广泛,当给线圈通以变的电流时,在线圈周围就产生一个交变的磁场,将金属导体置于交变磁场时,在导体就会产生感应自行闭合的电涡流,导致线圈的电感量、阻抗和平质因数发生变化;低频透射式涡流传感器有发射线圈和接收线圈,分别置于被测金属材料的上、下方,当发射线圈产生磁力线时,由于涡流消耗部分磁场能量,使接收线圈感应电动势随材料厚度的增加按负指数规律减少。电涡流式传感器的测量范围大、灵敏度高、抗干扰能力强,不受介质影响,结果简单,使用方便,且可以对一些参数进行非接触的连续测量,因此应用于工业生产和科研领域。

知识拓展

（1）电感式接近开关概述

接近开关又称无触点行程开关,当物体达到接近开关的动作距离时,接近开关无需与运动部件进行机械接触就可以动作。接近开关是种开关型传感器,它既有行程开关、微动开关的特性,同时也具有传感性能,因此他的用途已远远超出行程开关所具备的行程控制及限位保护功能,可用于计数、测数、定位控制、尺寸检测以及用作无触点式按钮等。接近开关具有使用寿命长、动作可靠、性能稳定、重复定位精度高、频率响应快、无机械磨损、无火花、抗干扰能力强等特点,广泛用于轻工、化工、纺织、印刷、机械、冶金、电信、交通以及计算机等领域。

（2）电感式接近开关的分类

接近开关按工作原理可分为以下几类:

①电涡流式接近开关。电涡流式接进开关也叫电感式接近开关,他只对导电体起作用。接近开关的线圈在通入高频激励电源后,产生交变磁场,导电物体靠近接近开关时,内部产生电涡流,电涡流反作用到接近开关,使开关内部电路参数发生变化,控制开关的接通或断开,由此识别出有无导电物体靠近。

②电容式接近开关。电容式接近开关作用对象是各种导电或不导电的液体或固体。当

有物体移向接近开关时,不论它是否为导体,由于它的接近,总要使电容的介电常数发生变化,从而使电容量发生变化,控制开关的接通或断开。

③光电式接近开关。光电式接近开关可以检测所有不透光物质,它是利用光电效应工作的,将发光器件与光电器件做在同一壳体内,当有被检测物体接近时,发光器件发光的光被所测得不透光物质反射,光电器件接收到反射光后便有信号输出,控制开关的接通或断开。

④霍尔式接近开关。霍尔式接近开关作用的对象必须是磁性物体。当磁性物体靠近霍尔式接近开关时,磁场发生变化,霍尔元件上的霍尔电动势也发生变化,由此识别附近有无磁性物体存在,控制开关的接通或断开。

⑤其他形式的接近开关。超声波接近开关作用对象是不透过超声波的物质;电磁感应式接近开关作用对象是导磁或不导磁金属;热释电式接近开关作用对象是与环境温度不同的物体。

（3）电感式接近开关的工作原理

电感式接近开关是根据电涡流效应原理制成的开关器件,它的检测对象只限于金属导体,可完成位置控制、加工尺寸控制、自动计数、各种流程的自动衔铁、液体控制、转速检测等各种功能,是计算机控制自动化生产设备、常规控制设备等方面的理想传感开关器件。

电感式接近开关由高频振荡电路、检波电路、放大电路、整形电路及输出电路组成,如图4.26所示。工作时,LC 振荡电路的检测线圈产生一个交变磁场,当金属物体接近这一磁场,并达到感应距离时,金属物体就会产生电涡流而吸收震荡能量,从而导致震衰减以至停振,使输出级状态翻转产生电信号完成开关动作,触发驱动控制器件。内部接有延时电路,能有效地抑制接通电源瞬间形成的输出误动作。

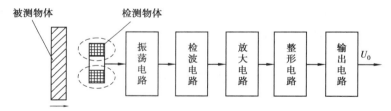

图4.26 电感式接近开关工作原理

思考与练习

（1）电感式传感器的工作原理是什么? 能够测量哪些物理量?

（2）变气隙式传感器主要是有哪几部分组成? 有什么特点?

（3）为什么螺线管式电感传感器比变隙式电感传感器有更大的测量位移范围?

（4）变压器式电桥和带相敏整流的交流电桥中,哪种电路能更好地完成这一任务? 为什么?

（5）差动变压器的测量电路有几种类型? 试述它们的组成和基本原理。

（6）概述电涡流式传感器的基本结构与工作原理。

项目 5

热电偶

【项目描述】热电偶是一种感温元件,电能量转换传感器,它直接将温度信号转换成热电动势信号,再通过电气仪表转换成被测介质的温度。本项目是利用热电偶测量加热装置中的水温,并分析热电偶的工作原理及应用。

【学习目标】掌握热电偶的工作原理、分类、温度校正;了解热电偶的放大电路及应用。

【技能目标】根据不同工作环境,灵活选择温度校正方案;熟练掌握热电偶型号与补偿导线的匹配;熟练使用热电偶分度表。

【活动情景】热电偶传感器是一种能将温度信号转换成电动势的装置。它是众多测温传感器中已经形成系列化、标准化的一种,目前在工业生产和科学研究中已经得到广泛的应用。

【任务要求】通过学习热电偶传感器的工作原理,掌握热电偶传感器的测量电路、温度补偿方法和热电偶传感器的应用。

【基本活动】

(1)热电偶工作原理

热电偶的测温原理基于热电效应:将两种不同的导体 A 和 B 连成闭合回路,当两个接点处的温度不同时,回路中将产生热电势。由于这种热电效应现象是 1821 年塞贝克(Seebeck)首先提出的,故又称塞贝克效应,如图 5.1 所示。

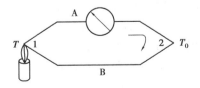

图 5.1　塞贝克效应示意图

人们把图 5.1 所示的两种不同材料构成的热电变换元件称为热电偶,导体 A 和 B 称为热电极,通常把两热电极的一个端点固定焊接,用于对被测介质进行温度测量,这一接点称为测量端或工作端,俗称热端;两热电极另一接点处通常保持为某一恒定温度或室温,被称作参比端或参考端,俗称冷端。

热电偶闭合回路中产生的热电势由温差电势和接触电势两种电势组成。

温差电势是指同一热电极两端因温度不同而产生的电势。当同一热电极两端温度不同时,高温端的电子能量比低温端的大,因而从高温端扩散到低温端的电子数比逆向的多,结果造成高温端因失去电子而带正电荷,低温端因得到电子而带负电荷。当电子运动达到平衡后,在导体两端便产生较稳定的电位差,即为温差电势,如图5.2所示。

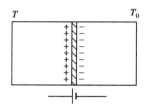

图5.2 温差电势示意图

热电偶接触电势是指两热电极由于材料不同而具有不同的自由电子密度,在热电极接点接触面处产生自由电子的扩散现象;扩散的结果,接触面上逐渐形成静电场。该静电场具有阻碍原扩散继续进行的作用,当达到动态平衡时,在热电极接点处便产生一个稳定电势差,称为接触电势,如图5.3所示。其数值取决于热电偶两热电极的材料和接触点的温度,接点温度越高,接触电势越大。

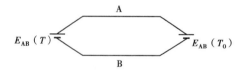

图5.3 接触电势示意图

设热电势两热电极分别为A(为正极)和B(为负极),两端温度分别为T、T_0,且T、T_0;则热电偶回路总电势为

$$E_{AB}(T,T_0) = E_{AB}(T) - E_{AB}(T_0) - E_A(T,T_0) + E_B(T,T_0) \qquad (5.1)$$

由于温差电势$E_A(T,T_0)$和$E_B(T,T_0)$均比接触电势小得多,通常均可忽略不计。又因为$T(T_0)$,故总电势的方向取决于接触电势$E_{AB}(T)$的方向,并且$E_{AB}(T_0)$总与$E_{AB}(T)$的方向相反;这样,式(5.1)可简化为

$$E_{AB}(T,T_0) = E_{AB}(T) - E_{AB}(T_0) \qquad (5.2)$$

由此可见,当热电偶两热电极材料确定后,其总电势仅与其两端点温度T、T_0有关。为统一和实施方便,世界各国均采用在参比端保持为零摄氏度,即$t_0 = 0\ ℃$条件下,用实验的方法测出各种不同热电极组合的热电偶在不同热端温度下所产生的热电势值,制成测量端温度(通常用国际摄氏温度单位)和热电偶电势对应关系表,即分度表,也可据次计算得两者的函数表达式。

(2)热电偶的基本定律

通过对热电偶回路的大量研究、测量、试验,已建立了几个基本定律。

1）均质导体定律

两种均质金属组成的热电偶,其电势大小与热电极直径、长度及沿热电极长度的温度分布无关,只与热电极材料和两端温度有关。热电极材料的均匀性是衡量热电偶质量的重要指标之一。

2）中间导体定律

在热电偶回路中插入第三、四种导体,只要插入导体的两端温度相等,且插入导体是均质的,则无论插入导体的温度分布如何,都不会影响原来热电偶热电势的大小。因此我们可将毫伏表(一般为铜线)接入热电偶回路,并保证两个接点温度一致,就可对热电势进行测量,而不影响热电偶的输出。

3）中间温度定律

热电偶 AB 在接点温度分别为 T、T_0 时的热电势,等于热电偶在接点温度为 T、T_n 和 T_n、T_0 时的热电势的代数和。即

$$E_{AB}(T, T_0) = E_{AB}(T, T_n) + E_{AB}(T_n, T_0) \qquad (5.3)$$

若温度采用摄氏温度,则表示为:$E_{AB}(t, t_0) = E_{AB}(t, t_n) + E_{AB}(t_n, t_0)$,当自由端温度 t_0 为 0 ℃时,则通过上式可将热电偶工作温度与热电势的对应关系列成表格,即热电偶的分度表(见附录)。如果 t_0 不为 0 ℃,也可以通过上式及分度表求得工作温度 t。

（3）热电偶的种类与结构

热电偶的种类及应用场合如下。

①普通型热电偶。普通型热电偶主要用于测量气体、蒸汽和液体等介质的温度。这类热电偶已经作成标准形式,其中包括有棒形、角形、锥形等,并且做成无专门固定装置、有螺纹固定装置及法兰固定装置等形式。

②铠装热电偶。铠装热电偶是由金属保护套管、绝缘材料和热电极三者组合成一体的特殊结构的热电偶。它可以做很细、很长、而且可以弯曲。热电偶的套管外径最细能达到0.25 mm,长度可达 100 m 以上,有双芯结构和单芯结构。铠装热电偶具有体积小,精度高,响应速度快,可靠性好,耐振动,耐冲击,比较柔软,可挠性好,便于安装等优点,因此特别适用于复杂结构(如狭小弯曲管道内)的温度测量。

③薄膜热电偶。薄膜热电偶是用真空蒸镀的方法,把热电极材料蒸镀在绝缘基板上而制成的。测量端既小又薄,热容量小,响应速度快。适用于测量微小面积上的瞬变温度。

④表面热电偶。表面热电偶主要用于现场流动的测量,广泛地用于纺织、印染、造纸、塑料及橡胶工业。探头有各种形状(弓形、薄片形等)、以适应不同物体表面测温用。在其把手上装有动圈式仪表,读数方便。测量温度范围有 0 ~ 250 ℃和 0 ~ 600 ℃两种。

⑤防爆热电偶。在石油、化工、制药工业中,生产现场有各种易燃、易爆等化学气体,这时需要采用防爆热电偶。它采用防爆型接线盒,有足够的内部空间、壁厚及机械强度,其橡胶密封圈的热稳定性符合国家的防爆标准。因此,即使接线盒内部爆炸性混合气体发生爆炸时,其压力也不会破坏接线盒,其产生的热能不能向外扩散—传爆,可达到可靠的防爆效果。

除上述以外,还有专门测量钢水和其他熔融金属温度的快速热电偶等。

工程上实际使用的热电偶大多是由热电极、绝缘套管、保护套管和接线盒等部分组成,如图 5.4 所示的普通热电偶的结构。现将各部分的构造和要求说明如下：

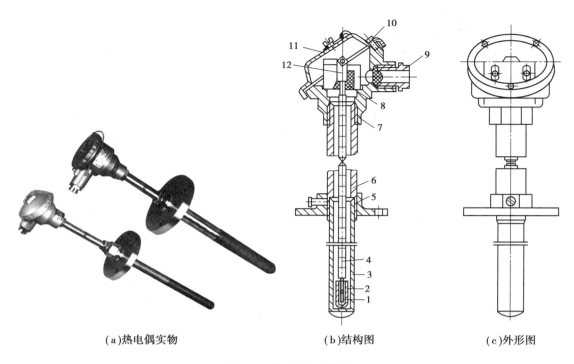

(a)热电偶实物   (b)结构图   (c)外形图

图 5.4 普通热电偶结构

1—热电偶热端;2—绝缘套;3—下保护套管;4—绝缘珠管;5—固定法兰;6—上保护套管;

7—接线盒底座;8—接线绝缘座;9—引出线套管;10—固定螺钉;11—接线盒外罩;12—接线柱

①热电极。热电偶常以热电极材料种类来命名,例如,铂铑—铂热电偶,镍铬—镍硅热电偶等。热电极的直径由材料的价格、机械强度、电导率以及热电偶的用途和测量范围等决定。贵金属热电偶的热电极多采用直径为 0.35 ~ 0.65 mm 的细导线。非贵金属的热电极的直径一般是 0.5 ~ 3.2 mm。热电偶的长度由安装条件,特别是工作端在介质中的插入深度来决定,通常为 350 ~ 2 000 mm,最长的可达 3 500 mm。热电极的工作端是焊接在一起的。

②绝缘套管。绝缘套管又叫绝缘子,是用来防止两根热电极短路的。绝缘子一般做成圆形或椭圆形,中间有一个、二个或四个小孔,孔的大小由热电极的直径决定,绝缘材料主要根据测温范围及绝缘性能要求来选择。通常用陶瓷、石英等作绝缘套管。

③保护管。保护管的作用是使热电极与被测介质隔离,使之免受化学侵蚀或机械损伤。热电极在套上绝缘套管后再装入保护管内。对保护管的要求是:经久耐用与传热良好。前者指的是耐高温,耐急冷急热,耐腐蚀,不会分解出对电极有害的气体,有足够的机械强度。后者指的是有良好的导热性,以改善热电极对被测温度变化的响应速度,减少滞后。常用的保护管材料分为金属和非金属两大类,应根据热电偶的类型、测温范围等因素来选择保护管材料。

④接线盒。接线盒供连接热电偶和测量仪表之用。接线盒多用铝合金制成。为了防止灰尘及有害气体进入内部,接线盒出线孔和接线盒都装有密封垫片和垫圈。

(4)热电偶的温度补偿

1)仪表调零修正法

当热电偶与动圈式仪表配套使用时,若热电偶的冷端温度比较恒定,对测量精度要求又不太高时,可将动圈仪表的机械零点调至热电偶冷端所处的温度 t_0 处,这相当于在输入热电偶的热电势前就给仪表输入一个热电势 $E(t_0, 0\ ℃)$。这样,仪表在使用时所指示的值约为 $E(t_0, 0\ ℃) + E(t, t_0)$。

进行仪表机械零点调整时,首先将仪表的电源和输入信号切断,然后用螺丝刀调节仪表面板上的螺丝,使指针指到 t_0 的刻度上。

此法虽有一定的误差,但非常简便,在工业上经常采用。

2)自由端温度补偿

由热电偶测温原理可知,热电偶的输出电动势与热电偶两端温度 t 和 t_0 的差值有关,当冷端温度 t_0 保持不变时,热电动势与工作端温度成单值函数,但在实际测温中,冷端温度常随环境温度而变化,t_0 不能保持恒定,因而会引入误差。在实际应用中,各种热电偶温度对应的分度表是在相对于冷端温度为零摄氏度的条件下测出的,因此在使用热电偶时,若要直接应用热电偶的分度表,就必须满足 $t_0 = 0\ ℃$ 的条件。为此可采用以下几种方法,以保证冷端温度 t_0 保持恒定。

①冷端恒温法。为了使热电偶冷端温度保持恒定(最好为 0 ℃),当然可以把热电偶做的很长,使冷端远离工作端,并连同测量仪表一起放置到恒温或温度波动比较小的地方,但这种方法要多耗费许多贵重的金属材料。因此,一般是用一种导线(称为补偿导线)将热电偶冷端延伸出来,这种导线在一定温度范围内(0 ~ 100 ℃)具有和所连接的热电偶相同的热电性能。延伸的冷端可采用以下方法保持温度恒定。

a. 冰浴法。将热电偶的冷端置于有冰水混合物的容器中,使冷端的温度保持在 0 ℃ 不变。它消除了 t_0 不等于 0 ℃ 时引入的误差。

b. 电热恒温器法。将热电偶的冷端置于电热恒温器中,恒温器的温度略高于环境温度的上限。

c. 恒温槽法:将热电偶的冷端置于大油槽或空气不流动的大容器中,利用其热惯性,使冷端温度变化较为缓慢。

②冷端温度校正法。由于热电偶的温度——热电动势关系曲线是在冷端温度保持在 0 ℃ 的情况下得到的,与它配套使用的仪表又是根据这一关系曲线进行标度的,因此当冷端温度不等于 0 ℃ 时,就需要对仪表的指示值加以修正。换句话说,当热电偶的冷端温度 $t_0 \neq 0\ ℃$ 时,测得的热电动势 $E_{AB}(t, t_0)$ 与冷端为 0 ℃ 时测得的热电动势 $E_{AB}(t, 0\ ℃)$ 不等。若冷端温度高于 0 ℃,则 $E_{AB}(t, t_0) < E_{AB}(t, 0\ ℃)$。根据热电偶的中间温度定律,可得热电动势的修正公式

$$E_{AB}(t, 0\ ℃) = E_{AB}(t, t_0) + E_{AB}(t_0, 0\ ℃) \tag{5.4}$$

式中 $E_{AB}(t, t_0)$——毫伏表直接测出的热电毫伏数。

校正时,先测出冷端温度 t_0,然后在该热电偶分度表中查出 $E_{AB}(t_0, 0\ ℃)$,并把它加到所测得的 $E_{AB}(t, t_0)$ 上。根据式(5.4)求出 $E_{AB}(t, 0\ ℃)$,根据此值再在分度表中查出相应的温度值。

③电桥补偿法。电桥补偿法是利用不平衡电桥产生的不平衡电压,来自动补偿热电偶因冷端温度变化而引起的热电动势的变化值的,如图 5.5 所示。

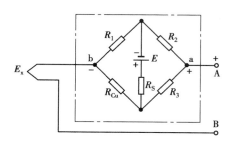

图 5.5 热电偶冷端补偿电桥

不平衡电桥(即补偿电桥)的桥臂电阻 R_1、R_2、R_3 是由电阻温度系数很小的锰铜丝绕制而成，R_{Cu} 是由温度系数较大的铜丝绕制而成的，E(直流 4 V)是电桥的电源，R_S 是限流电阻，其阻值随热电偶的不同而有所差异。电桥通常取在 20 ℃ 时处于平衡状态，此时桥路输出电压 $U_{AB}=0$，电桥无补偿作用。假设环境温度升高，热电偶的冷端温度随之升高，此时热电偶的热电动势就有所降低。由于 R_{Cu} 与冷端处于同一温度环境中，所以 R_{Cu} 的阻值也随环境温度的升高而增大，电桥失去平衡，U_{ab} 上升并与 E_X 迭加。若适当选择桥臂电阻，可以使 U_{ab} 正好补偿热电偶冷端温度升高所降低的热电动势。由于电桥及热电偶均存在非线性误差，所以 U_{ab} 无法始终跟踪 E_X 的变化，冷端补偿器只能在一定的范围内起温度补偿作用。用于电桥补偿的装置称为热电偶冷端补偿器。冷端温度补偿器通常使用在热电偶与动圈式显示仪表配套的测温系统中，而自动电子电位差计、温度变送器及数字式仪表等的测量线路里已经设置了冷端补偿电路，故热电偶与它们相配套使用时不必另行配置冷端补偿器。

④采用 PN 结温度传感器作冷端补偿。这种补偿如图 5.6 所示。其工作原理是热电偶产生的电动势经放大器 A_1 放大后有一定的灵敏度(mv/℃)，采用 PN 结传感器组成的测量电桥(置于热电偶的冷端处)的输出经放大器 A_2 放大后也有相同的灵敏度。将这两个放大后的信号再经过增益为 1 的电压跟随器 A_3 相加，则可以自动补偿冷端温度变化引起的误差。一般在 0~50 ℃ 范围内，其精度优于 0.5 ℃。

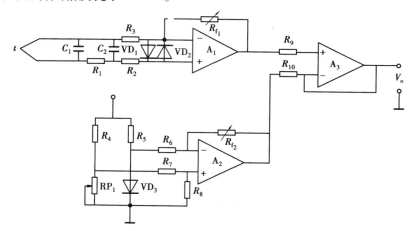

图 5.6 PN 结温度传感器作热电偶冷端补偿的工作原理

(5)热电偶的测温线路

1)测量某点温度的基本电路

图 5.7 所示是测量某点温度的基本电路，图中 A、B 为热电偶，C、D 为补偿导线，T_0 为使

用补偿导线后热电偶的冷端温度,E 为铜导线,在实际使用时就把补偿导线一直延伸到配用仪表的接线端子。这时冷端温度即为仪表接线端子所处的环境温度。

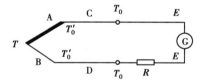

图 5.7　测量某点温度的基本电路

2)测量两点之间温度差的测温电路

图 5.8 所示是测量两点之间温度差的测温电路,用两支相同型号热电偶,配以相同的补偿导线,这种连接方法应使各自产生的热电势互相抵消,仪表 G 可测 T_1 和 T_2 之间的温度差。

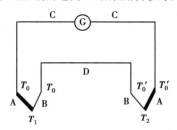

图 5.8　测量两点之间温度差的测温电路

3)测量平均温度的测温线路

用热电偶测量平均温度一般采用热电偶并联的方法,如图 5.9 所示,输入到仪表两端的毫伏值为 3 个热电偶输出热电动势的平均值,即 $E = (E_1 + E_2 + E_3)/3$,如 3 个热电偶均工作在特性曲线的线性部分时,则代表了各点温度的算术平均值。为此,每个热电偶需串联较大电阻,此种电路的特点是,仪表的分度仍旧和单独配用一个热电偶时一样。其缺点是,当某一热电偶烧断时,不能很快地觉察出来。

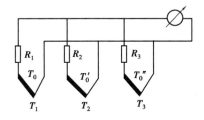

图 5.9　热电偶测量平均温度的并联线路

4)测量几点温度之和的测温线路

用热电偶测量几点温度之和的测温线路一般采用热电偶串联的方法,如图 5.10 所示,输入到仪表两端的热电势的总和,即 $E = E_1 + E_2 + E_3$,可直接从仪表读出其平均值,此种电路的优点是,热电偶烧坏时可立即知道,还可获得较大的热电动势。应用此种电路时,每一热电偶引出的补偿导线还必须回接到仪表中的冷端处。

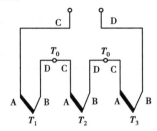

图 5.10　求温度和的线路

【技能训练】热电偶在工业和设备试验温度的测量中应用十分广泛,通过实例来掌握热电偶的选取和应用。

(1)金属表面温度的测量

表面温度测量是温度测量的一大领域。金属表面温度的测量对于机械、冶金、能源、国防等部门来说是非常普通的问题。例如,热处理中的锻件、铸件、气体水蒸气管道、炉壁面等表面温度的测量。测温范围从几百摄氏度到一千多摄氏度。而测量方法通常采用直接接触测温法。

直接接触测温法是指采用各种型号及规格的热电偶,用粘接剂或焊接的方法,将热电偶与被测金属表面直接接触,然后把热电偶接到显示仪表上组成测温系统,指示出金属壁面的温度。

一般在 200~300 ℃左右或以下时,可采用粘接剂将热电偶的结点粘附于金属壁面,工艺比较简单。但是在不少情况下,特别是在温度较高、要求测量精度高和时间常数小的情况下,常用焊接的方法。测量金属壁面温度用的热电偶丝一般比较细,采用常规焊接法容易烧断,使焊接质量不好,可以采用利用电容充放电原理制成的焊接机。如果被测金属壁比较薄,那么热电偶丝一般都焊在表面。连接到测量仪表时,为减少测量误差,在紧靠测量端的地方加足够长的保温材料保温,也可在接头部加绝热罩,可以进一步减少测温误差。如果金属壁较厚,且机械强度又允许,则对于不同壁面采用不同的引出方式,如果从槽内引出,从斜孔内引出和从壁的后面引出。

用直接接触法测量金属表面温度时,应尽量减少由于和表面接触破坏原有温度场所造成的影响,以提高测量精度。

(2)热电偶炉温测量系统

如图 5.11 所示为常用炉温测量采用的热电偶测量系统图。图中由毫伏定值器给出设定温度的相应毫伏值,如热电偶的热电势与定值器的输出(毫伏)值有偏差,则说明炉温偏离给定,此偏差经放大器送入调节器,再经过晶闸管触发器去推动晶闸管执行器,从而调整炉丝的加热功率,消除偏差,达到控温的目的。

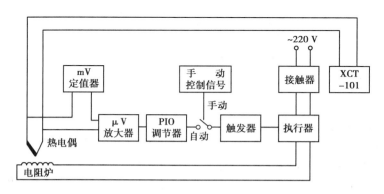

图 5.11　热电偶测量系统图

项目小结

热电偶作为一种测温传感器,因其有动作响应快、测量端热容量小、挠性好、强度高、种类多等优点,目前在测温领域仍得到广泛应用。本项目重点讨论热电偶的原理及应用。

热电偶的测温范围广,其温度范围可达到 $-270 \sim 1\,800\,℃$。热电偶回路产生的热电动势包括接触电动势和温差电动势,并以接触电动势为主。热电偶结构简单,可制成多种形式,如铠装热电偶、微型热电偶、多点热电偶、侵入式热电偶、表面热电偶等。为使热电偶电动势与被测温度成单值函数关系,一般采用补偿导线、校正法、冰浴法、补偿电桥等方法进行冷温度补偿。

知识拓展

温度是国际单位制给出的基本物理量之一,他是工农业生产和科学试验中需要经常测量和控制的主要参数,也是与人们日常生活紧密相关的一个重要物理量。

(1)温度与温标

1)温度的概念

温度是表示物体的冷热程度的物理量。从热平衡的观点看,温度是物体内部分子无规则热运动剧烈程度的标志,温度高的物体,其内部分子平均动能大;温度低的物体,其内部分子的平均动能小。

2)温标的基本知识

用来量度物体温度数值的标尺叫温标。它规定了温度的读数起点(零点)和测量温度的基本单位。目前国际上用得较多的温标有华氏温标、摄氏温标、热力学温标。

华氏温标($℉$)规定:在标准大气压下,冰的熔点为 $32\,℉$,水的沸点为 $212\,℉$,中间划分180 等分,没等分为华氏 $1\,℉$,符号为 F,它是德国人华伦海特创立的。

摄氏温标($℃$)规定:在标准大气压下,冰的熔点为 $0\,℃$,水的沸点为 $100\,℃$,中间划分100 等分,没等分为摄氏 $1\,℃$,符号为 t,它是瑞典人摄尔修斯创立的。

热力学温标又称开尔文温标(K),或称绝对温标,它规定分子运动停止时的温度为绝对零度($0\,K$),符号为 T。1954 年国际计量大会决定把水的三相点的热力学温度规定为 273.16 K。1 K 就是水的三相点的热力学温度的 1/273.16 倍,因此水的三相点温度比冰的熔点温度约高 $0.01\,℃(0.01\,K)$,因此,冰的熔点(及摄氏温度零点)的开氏温度 273.15 K。为纪念汤姆逊对此作的贡献,后人以其称号"开尔文"作为温标单位。热力学温标的零点——绝对零度,是宇宙低温的极限,宇宙间一切物体的温度可以无限的接近绝对零度但不能达到绝对零度(如宇宙空间的温度为 0.2 K)。

热力学温标是国际上公认的最基本的温标,我国法定计量单位规定可以使用摄氏温度。

(2)国际温标

第一个国际温标是 1927 年第七届国际计量大会决定采用的温标,称为"1927 年国际温标",记为 ITS—27。此后大约每隔 20 年进行一次重大修改,相继有 ITS—48、IPTS—68、EPT—76 和 ITS—90。国际温标做重大修改的原因,主要是由于温标"三要素"发生变化。

ITS—90 是 1989 年 7 月第 77 届国际计量委员会批准的国际温度咨询委员会制定的新温标。从 1994 年 1 月 1 日起全面实行新温标。

ITS—90 的热力学温度仍记作 T,为了区别于以前的温标,用"T_{90}"代表新温标的热力学温度,其单位仍是 K。与此并用的摄氏温度记为 t_{90},单位是℃。T_{90} 与 t_{90} 的关系仍是

$$t_{90} = T_{90} - 273.15$$

各温标间换算关系见表 5.1。

表 5.1　各温标间换算关系

温标单位	开尔文/k	摄氏度/℃	华氏度/℉	兰氏度/R
k	1	$t - 273.15$	$[(t - 273.15) + 32] \times 5/9$	$5t/9$
℃	$t + 273.15$	1	$(t + 32) \times 5/9$	$(t + 273.15) \times 5/9$
℉	$[(t - 32) + 273.15] \times 5/9$	$(t - 32) \times 5/9$	1	$t + 459.67$
°R	$5t/9$	$(t - 273.15) \times 5/9$	$t - 459.67$	1

（3）标准仪器

ITS—90 的内插用标准仪器变化较大,特别是低温方面,数量多且复杂。整个温标分为 4 个温区,其相应标准仪器分别如下:

①0.65～5.0K,3He 和 4He 蒸气压温度计;

②3.0～24.556 1K,3He、4He 定容气体温度计;

③13.803 8K～961.780 ℃,铂电阻温度计;

④961.780 ℃以上,光学或光电高温计。

可以看出,在低温部分将气体温度计正式定为标准仪器,虽然比较复杂,但目前还找不出一种比较"实用"的标准仪器。

思考与练习

（1）什么是金属导体的热电效应? 试说明热电偶的测温原理。

（2）热电偶产生的热电动势由几种电动势组成? 哪种电动势起主要作用?

（3）试分析金属导体中产生接触电动势的原因。其大小与哪些因素有关?

（4）试分析金属导体中产生温差电动势的原因。其大小与哪些因素有关?

（5）简述热电偶的几个定律,并说明它们的实用价值。

（6）普通热电偶一般由哪几个部分构成?

（7）热电偶的冷端补偿一般有哪些方法?

（8）用镍铬–镍硅(K)热电偶测温度,已知冷端温度为 40 ℃,用高精度毫伏表测得这时的热电势为 29.188 mV,求被测点的温度。

项目 **6**

光电传感器

【项目描述】将光量转换为电量的器件称为光电传感器或光电元件。光电式传感器的工作原理如图6.1所示。首先把被测量的变化转换成光信号的变化,然后通过光电转换元件变换成电信号。光电传感器的工作基础是光电效应。

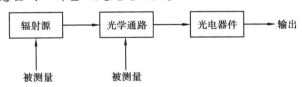

图6.1　光电传感器的工作原理

【学习目标】掌握光电管、光电倍增管的工作原理、主要参数、基本特性和应用;掌握光敏电阻的工作原理、主要参数、基本特性和应用;掌握光电二极管、光电三极管的工作原理、主要参数、基本特性和应用;掌握光纤的工作原理、主要参数、基本特性和应用;了解光电池的分类、工作原理及特性;了解其他光电式传感器的特点及应用。

【技能目标】掌握光电的转速传感器的组成及工作原理;掌握光电传感器测速的原理,并能实现控制目标;根据不同的光信号,灵活采用不同的光电式传感器及控制电路;掌握光纤测速传感器的组成及工作原理。

任务6.1　光敏传感器

【活动情景】光照射在物体上会产生一系列的物理或化学效应,例如植物的光合作用,化学反应中的催化作用,人眼的感光效应,取暖时的光热效应以及光照射在光电元件上的广电效应等。光敏传感器是将光信号转换为电信号的一种传感器。使用这种传感器测量时具有反应快、非接触等优点,故在非电量检测中应用较广。

【任务要求】掌握光敏传感器的工作原理、基本特性和应用。

【基本活动】

6.1.1　电磁波

根据光的电磁理论,光是一种频率很高的电磁波。能引起人们视觉的为可见光,不能引起人们视觉但可借助仪器检测出来的包括红外光、紫外光、无线电波、γ 射线等。不同范围的电磁波其频率、能量、特性均不同。

6.1.2　光电效应概述

光电效应是指一些金属、金属氧化物、半导体材料在光的照射下释放电子的现象。光电效应按其作用原理可分为外光电效应和内光电效应。

（1）外光电效应

在光线作用下,物体内的电子逸出物体表面,向外发射的现象称为外光电效应。基于外光电效应的光电器件有光电管、光电倍增管等。

我们知道,光子是具有能量的粒子,每个光子具有的能量为

$$E = h\gamma \tag{6.1}$$
$$h = 6.626 \times 10^{-34}(\mathrm{J \cdot s})$$

式中,γ 为光的频率,s^{-1}。

若物体中电子吸收的入射光的能量足以克服物质对电子的束缚做功,电子就逸出物体表面,产生电子发射。故要使一个电子逸出,则光子能量 hv 必须超出物质对电子的束缚做功,超过部分的能量,表现为逸出电子的动能,即

$$h\gamma = \frac{1}{2}mv^2 + W \tag{6.2}$$

式中,m 为电子的质量,$9.1 \times 10^{-31}\mathrm{kg}$;$v$ 为电子发射时的速度,$\mathrm{m \cdot s^{-1}}$;W 为电子逸出功,J。

（2）内光电效应

受光照的物体导电率发生变化,或产生光生电动势的效应叫内光电效应。内光电效应又可分为光电导效应和光伏特效应两大类。

①光电导效应。在光线作用下,电子吸收光子能量从键合状态过渡到自由状态,而引起材料电阻率变化,这种效应称为光电导效应。基于这种效应的器件有光敏电阻等。

②光生伏特效应。在光线作用下能够使物体产生一定方向电动势的现象叫光生伏特效应。基于该效应的器件有光电池和光敏晶体管等。

6.1.3　光敏电阻

（1）光敏电阻的结构

光敏电阻又称为光导管,是常用的光敏器件之一。光敏电阻是由半导体材料制成,常用的光敏电阻是由硫化镉制成,另外还有硫化铝、硫化铅、硫化铋、硒化镉、硫化铊等材料。

光敏电阻是涂于玻璃底板上的一薄层半导体物质,半导体的两端装有金属电极,金属电极与引出线端相连接,光敏电阻就通过引出线端接入电路。图 6.2 所示为光敏电阻的结构图。

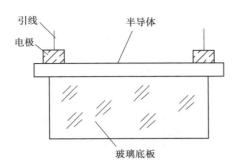

图 6.2　光敏电阻结构图

由于光敏电阻具有很高的灵敏度,光谱响应的范围可以从紫外区域到红外区域,而且体积小,性能稳定,价格较低,所以被广泛应用在自动检测系统中。

(2)光敏电阻的工作原理

光敏电阻可在直流电压下工作,也可在交流电压下工作。当无光照时,虽然不同材料制作的光敏电阻数据不相同,但它们的阻值可在 1 ~ 100 MΩ 之间。由于光敏电阻的阻值太大,使得流过电路中的电流很小;当有光线照射时,光敏电阻的值变小,电路中的电流增大。根据电流表测出的电流值的变化,便可得知光线照射的强弱。图 6.3 所示为光敏电阻的工作示意图。

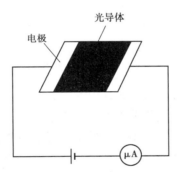

图 6.3　光敏电阻工作示意图

(3)光敏电阻的主要参数和基本特性

①光电流。光敏电阻在不受光照射时的阻值称"暗电阻",又称暗阻,此时流过的电流称"暗电流";光敏电阻在受光照射时的阻值称"亮电阻",又称亮阻,此时的电流称"亮电流"。而亮电流与暗电流之差即为"光电流"。当然,我们希望暗阻越大越好,而亮阻越小越好,即光电流要尽可能大,这样光敏电阻的灵敏度就高。实际上光敏电阻的暗阻值一般是兆欧数量级,亮阻值则在几千欧姆以下。

②光敏电阻的伏安特性。在光敏电阻的两端所加电压和电流的关系曲线,称为光敏电阻的伏安特性,如图 6.4 所示。由曲线可知:所加的电压 U 越高,光电流 I 也愈大,而且没有饱和现象,在给定的光照下,电阻值与外加电压无关;在给定的电压下,光电流的数值将随光照的增强而增加。

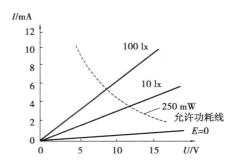

图 6.4　光敏电阻的伏安特性曲线

③光敏电阻的光照特性。光敏电阻的光电流 I 和光通量 Φ 的关系曲线,称为光敏电阻的光照特性。不同的光敏电阻的光照特性是不同的,但在大多数情况下,特性曲线如图 6.5 所示。

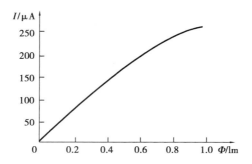

图 6.5　光敏电阻的光照特性曲线

由于光敏电阻的光照特性曲线是非线性的,因此不适宜做线性敏感元件,这是光敏电阻的缺点之一。所以在自动控制中它常用作开关量的光电传感器。

④光敏电阻的光谱特性。光敏电阻对于不同波长的入射光,其相对灵敏度也是不同的。各种不同材料的光谱特性曲线如图 6.6 所示。从图中可以看出,硫化镉的峰值在可见光区域,而硫化铅的峰值在红外区域,因此,在选用光敏电阻时,就应当把元件和光源结合起来考虑,才能获得满意的结果。

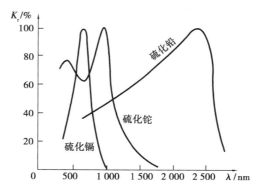

图 6.6　光敏电阻的光谱特性曲线

⑤光敏电阻的频率特性。在使用光敏电阻时,应当注意它的光电流并不是随光强改变而立刻做出相应的变化,而是具有一定的惰性,这也是光敏电阻的缺点之一。这种惰性常用时间常数来描述,不同材料的光敏电阻具有不同的时间常数,因而它们的频率特性也就各不相同,图 6.7 所示为两种不同材料的光敏电阻的频率特性,即相对灵敏度 K_r 与光强度变化频率 f 间的关系曲线。

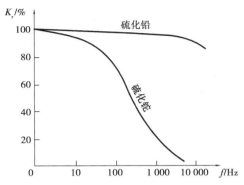

图 6.7 光敏电阻的频率特性曲线

⑥光敏电阻的光谱温度特性。光敏电阻和其他半导体器件一样,它的光学与电学性质受温度影响较大,随着温度的升高,它的暗阻和灵敏度都下降。同时温度变化也影响它的光谱特性曲线,图 6.8 所示为硫化铅的光谱温度特性,即在不同温度下的相对灵敏度 K_r 和入射光波长 λ 的关系曲线。从图可以看出,它的峰值随着温度上升向短波方向移动。因此,有时为了提高元件的灵敏度,或为了能接受远红外光而采取降温措施。

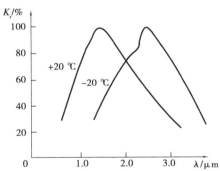

图 6.8 硫化铅光敏电阻的光谱温度特性

6.1.4 光敏晶体管

(1)光敏二极管

光敏二极管的结构与一般二极管相似,它的 PN 结装在管的顶部,可以直接受到光照射,光敏二极管在电路中一般是处于反向工作状态,如图 6.9(b)所示。在图 6.9(a)中给出了光敏二极管的符号。图 6.9(b)中给出的光敏二极管的接线图,在没有光照射时反向电阻很大,反向电流很小,这种反向电流也叫暗电流。当光照射光敏二极管时,光子打在 PN 结附近,使 PN 结附近产生光生电子—空穴对,它们在 PN 结处的内电场作用下作定向运动,形成光电流。光的照度越大,光电流愈大。因此,在不受光照射时,光敏二极管处于截止状态;受光照射时,光敏二极管处于导通状态。

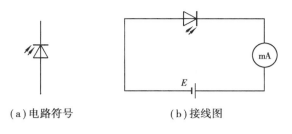

（a）电路符号　　　　　　　　（b）接线图

图6.9　光敏二极管

（2）光敏三极管

光敏三极管有 PNP 型和 NPN 型两种,其电路符号如图 6.10 所示,其结构与普通三极管很相似。

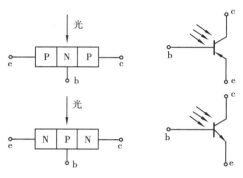

图6.10　光敏三极管

光敏三极管的工作原理是:当光照射到 PN 结附近,使 PN 结附近产生光生电子—空穴对,它们在 PN 结处于内电场的作用下,做定向运动形成光电流,因此,PN 结的反向电流大大增加,由于光照射发射结产生的光电流相当于三极管的基极电流,因此集电极电流是光电流的 β 倍,所以光敏三极管比光敏二极管灵敏度更高。

（3）光敏晶体管的基本特性

①光敏晶体管的光谱特性。光敏晶体管的光谱特性曲线,如图 6.11 所示。从特性曲线可以看出,硅管的峰值波长为 0.9 μm 左右,锗管的峰值波长为 1.5 μm 左右。由于锗管的暗电流比硅管大,因此,一般来说,锗管的性能较差。故在可见光或探测赤热状态物体时,都采用硅管。但对红外光进行探测时,则锗管较为合适。

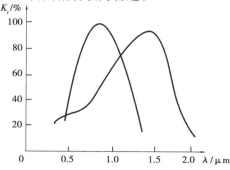

图6.11　光敏晶体管的光谱特性

②光敏晶体管的伏安特性。某光敏晶体管的伏安特性曲线如图 6.12 所示。光敏晶体管在不同照度 E_e 下的伏安特性,就像一般晶体管在不同的基极电流时的输出特性一样。只要将入射光在发射极与基极之间的 PN 结附近所产生的光电流看作基极电流。就可将光敏晶体管看成一般的晶体管。

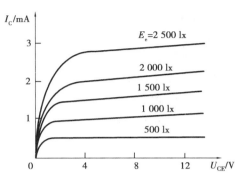

图 6.12　光敏晶体管的伏安特性

③光敏晶体管的光照特性。光敏晶体管的光照特性曲线如图 6.13 所示。图中给出了光敏晶体管的输出电流 I_e 和照度 E_e 之间的关系。从图中可以看出,其关系曲线近似地可以看做是线性关系。

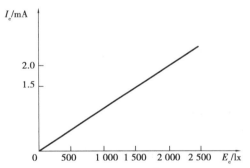

图 6.13　光敏晶体管的光照特性曲线

④光敏晶体管的温度特性。锗光敏晶体管的温度特性曲线如图 6.14 所示。图中给出了温度对暗电流及输出电流的关系。从曲线可知,温度变化对输出电流的影响较小,主要由光照度所决定。暗电流随温度变化很大,所以在应用时应在线路上采取措施进行温度补偿。

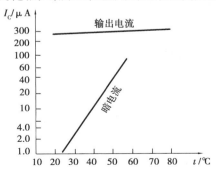

图 6.14　锗光敏晶体管的温度特性曲线

5)光敏晶体管的时间常数。实验表明,光敏晶体管可以看成一个非周期环节。一般锗管的时间常数约为 2×10^{-4} s,而硅管的约为 10^{-5} s。当检测系统要求快速时,往往选择硅光敏晶体管。

【技能训练】光敏传感器测量其他非电量时,只要将这些非电量转换为光信号即可。此种测量方法具有反应快、非接触等优点,故在非电量检测中应用较广。

(1)光敏电阻应用

光敏电阻又称光感电阻,是利用半导体的光电效应制成的一种电阻值随入射光的强弱而改变的电阻器;入射光强,电阻减小,入射光弱,电阻增大。光敏电阻一般用于光的测量、光的控制和光电转换(将光的变化转换为电的变化)。

图 6.15 光照度计电路图

1)光照度计

光照度计通常用于测量农作物日照时数,可以测定农作物的生长情况,其电路原理如图 6.15 所示。

输出电压 U_o 接单片机的 I/O 口,每 2 min 对此口查询 1 次,为高电平,计数 1 次,为低电平,不计数,1 天查询 720 次。无光照 $U_0 = U_L$;有光照 $U_o = U_H$。

$$H = \frac{N}{720} \times 24 (\text{h})$$

2)灯光亮度自动控制器

光亮度控制器可按照环境光照强度自动调节灯光亮度,从而使室内的照明自动保持在最佳状态,避免产生视觉疲劳。

控制器主要由环境光照检测电桥、放大器、积分器、比较器、过零检测器、锯齿波形成电路、双向晶闸管等组成,如图 6.16 所示。过零检测器对 50 Hz 市电电压的每次过零点进行检测,送控制锯齿波形成电路使其产生与市电同步的锯齿波电压,该电压加在比较器的同相输入端。另外,由光敏电阻与电阻组成的电桥将环境光照的变化转换成直流电压的变化,该电压经放大,并由积分电路积分后加到比较器的反相输入端,其数值随环境光照的变化而缓慢地成正比例变化。

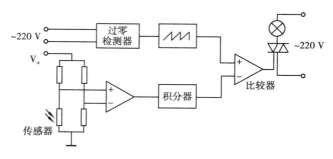

图 6.16 灯光亮度自动控制原理图

两个电压比较结果,便可从比较器输出端得到随环境光照变化而脉冲宽度发生变化的控制信号,该控制信号的频率与市电的频率同步,其脉冲宽度反比于环境光照,利用这个控制信号触发双向晶闸管,改变其导通角,便可使灯光的亮度做相反的变化,从而达到自动控制环境光照不变的目的。

（2）光敏晶体管应用

光敏晶体管的一个主要应用就是光控闪光标志灯。在图6.17中，光控闪光标志灯电路主要由M5332L通用集成电路IC、光敏三极管VT1及外围电路元件等组成。白天光敏三极管VT1受到光照，其内阻很小，使IC的输入电压高于基准电压，于是IC的六脚输出为高电平，标志灯H不亮。夜晚无光照射时，光敏三极管VT1内阻增大，使IC的输入电压低于基准电压，于是IC内部振荡器开始振荡，其频率为1.8 Hz，与此同时，IC内部的驱动器也开始工作，使IC的6脚输出低电平，在振荡器的控制下，标志灯H以1.8 Hz频率闪烁，以警示有路障存在。

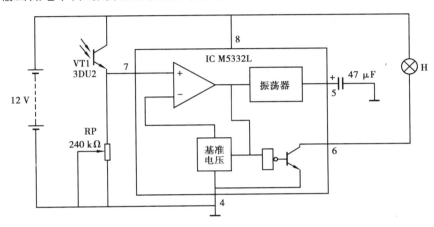

图6.17 光控闪光标志灯电路

任务6.2 光电池

【活动情景】光电池的工作原理基于光生伏特效应，能将入射光能量转换为电压和电流。它的制作材料种类很多，如硅、砷化镓、硒、锗等，其中应用最为广泛的是硅光电池。硅光电池性能稳定、光谱范围宽、频率特性好、转换效率高且价格便宜。从能量转换角度来看，光电池是作为输出电能的器件而工作的。例如人造卫星上安装有展开达十几米长的太阳能光电池板。

【任务要求】通过光电池工作原理的学习，掌握光电池的基本特性和应用。

【基本活动】

光电池是一种直接将光能转换为电能的光电器件。光电池在有光线作用下的实质就是电源，电路中有了这种器件就不需要外加电源。

光电池的种类很多，有硒、氧化亚铜、硫化铊、硫化镉、锗、硅、砷化镓光电池等。其中最受重视的是硅光电池，其结构如图6.18所示。它有一系列优点，如性能稳定、光谱范围宽、频率特性好、传递效率高、能耐高温辐射等。因此下面重点介绍硅光电池。另外，由于硒光电池的光谱峰值位置在人眼的视觉范围，所以很多分析仪器、测量仪器亦常用到它，其结构如图6.19所示。

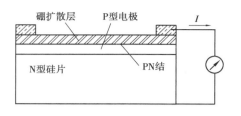

图 6.18　硅光电池结构图

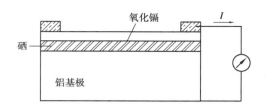

图 6.19　硒光电池结构图

6.2.1　光电池的结构与工作原理

光电池的工作原理是"光生伏特效应"。硅光电池是在一块 N 型硅片上用扩散的方法掺入一些 P 型杂质而形成一个大面积的 PN 结。当光照射 P 型面时,若光子能量 $h\gamma$ 大于半导体材料的禁带宽度 E_g,则在 P 型区每吸收一个光子便产生一个自由电子—空穴对。在表面对光子的吸收最多,激发出的电子—空穴对最多,越向内部越少。由于浓度差便形成从表面向体内扩散的自然趋势。空穴是 P 型区的多数载流子,入射光所产生的空穴浓度比原有热生空穴要少得多,而入射光所产生的电子则向内部扩散。若能在它复合之前到达 PN 结过渡区,就相当于在结电场作用下正好将电子推向 N 型区。这样,光照射所产生的电子—空穴对就被结电场分离开来。从而使 P 型区带正电,N 型区带负电,形成光生电动势。

6.2.2　光电池的基本特性

图 6.20 所示曲线为硒光电池和硅光电池的光谱特性曲线,即相对灵敏度 K_r 和入射光波长 λ 间的关系曲线。

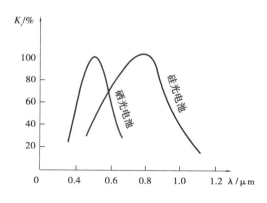

图 6.20　光电池的光谱特性曲线

从曲线上可以看出:不同材料的光电池的光谱峰值位置是不同的。例如硅光电池可在 $0.45 \sim 1.1~\mu m$ 范围内使用。而硒光电池只能在 $0.34 \sim 0.57~\mu m$ 范围内应用。

在实际使用中应根据光源性质来选择光电池,但要注意光电池的光谱峰值不仅与制造光电池的材料有关,同时也随使用温度而变。

6.2.3　光电池的光照特性

图 6.21 所示为硅光电池的光照特性曲线:光生电动势 U 与照度 E_e 间的特性曲线称为开

路电压曲线;光电流密度 J_e 与照度 E_e 间的特性曲线称为短路电流曲线。

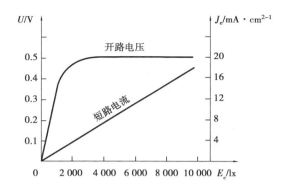

图 6.21　硅光电池的光照特性曲线

从图中可以看出,短路电流在很大范围内与光照度呈线性关系,开路电压与光照度的关系是非线性的,且在照度 2 000 lx 照射下就趋于饱和了。因此,把光电池作为敏感元件时,应该把它当作电流源的形式使用,即利用短路电流与光照度成线性的特点,这是光电池的主要优点之一。

从实验知道,负载电阻愈小,光电流与照度之间的线性关系愈好,且线性范围愈宽。对于不同的负载电阻,可以在不同的照度范围内使光电流与光照度保持线性关系。所以,应用光电池作敏感元件时,所用负载电阻的大小应根据光照的具体情况来决定。

6.2.4　光电池的频率特性

图 6.22 所示为光的调制频率 f 和光电池相对输出电流 I_r 的关系曲线。可以看出,硅光电池具有较高的频率响应,而硒光电池较差。因此,在高速计数器、有声电影以及其他方面多采用硅光电池。

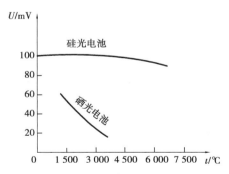

图 6.22　光电池的频率特性曲线

6.2.5　光电池的温度特性

光电池的温度特性曲线是描述光电池的开路电压 U、短路电流 I 随温度 t 变化的曲线,如图 6.23 所示。由于它关系到应用光电池设备的温度漂移,影响到测量精度或控制精度等主要指标,因此,它是光电池的重要特性之一。从图 6.23 所示光电池的温度特性曲线中可以看出开路电压随温度增加而下降的速度较快,短路电流随温度上升而增加的速度却很缓慢。因此,当光电池作为敏感元件时,在自动检测系统设计时就应该考虑到温度的漂移,需采取相应措施进行补偿。

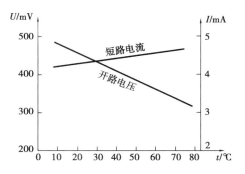

图 6.23 光电池的温度特性曲线

【技能训练】从信号检测角度来看,光电池作为一种自发电型的光电传感器,可用于检测光的强弱以及能引起光强变化的其他非电量。

（1）自动干手器

自动干手器的原理如下:手放入干手器时,遮住了灯泡发出的光,光电池不受光照,晶体管基极正偏而导通,继电器吸合。风机和电热丝通电,吹出热风烘手。手干抽出后,灯泡发出光直接照射到光电池上,产生光生电动势,使三极管基射极反偏而截止,继电器 KM 释放,从而切断风机和电热丝的电源。其电路图如图 6.24 所示。

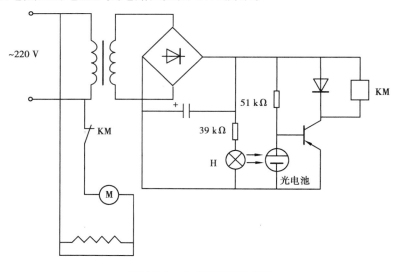

图 6.24 自动干手器电路图

（2）测光文具盒工作原理

学生在学习时,如果不注意学习环境光线的强弱,很容易损坏视力。测光文具盒是在文具盒上加装测光电路组成的,它不但具有文具盒的功能,又能显示光线的强弱,可指导学生在合适的光线下学习,以保护学生的视力。

图 6.25 所示为测光文具盒的测光电路。电路中采用 2CR11 硅光电池作为测光传感器,它被安装在测光文具盒的表面,直接感受光的强弱。采用两个发光二极管作为光照强弱的指示。当光照强度小于 100 lx 较暗时,光电池产生的电压较小,半导体管压降较大或处于截止

状态,两个发光二极管都不亮;当光照度在 $100\sim200$ lx 之间时,发光二极管 **VD2** 点亮,表示光照度适中;当光强度大于 200 lx 时,光电池产生的电压较高,半导体管压降较小,此时两个发光二极管均点亮,表示光照太强,不适于学习。

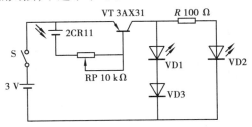

图 6.25　测光文具盒电路的测光电路

任务 6.3　光电管

【活动情景】光电管基于外光电效应的基本光电转换器件。光电管可将光信号转换成电信号。光电管分为真空光电管和充气光电管两种。光电管的典型结构是将球形玻璃壳抽成真空,在内半球面上涂一层光电材料作为阴极,球心放置小球形或小环形金属作为阳极。若球内充低压惰性气体就成为充气光电管。光电子在飞向阳极的过程中与气体分子碰撞而使气体电离,可增加光电管的灵敏度。用作光电阴极的金属有碱金属、汞、金、银等,可适合不同波段的需要。

【任务要求】了解光电管的结构、原理及特性,能够正确使用光电管进行测量。

【基本活动】

6.3.1　光电管的结构

（1）普通光电管

普通光电管是在一个真空泡内装有光电阴极和光电阳极两个电极。光电阴极通常是用逸出功小的光敏材料涂敷在玻璃泡内壁上做成,其感光面对准光的照射孔。当光线照射到光敏材料上,便有电子逸出,这些电子被具有正电位的阳极所吸引,在光电管内形成空间电子流,在外电路就产生电流。普通光电管的结构及外电路接线图如图 6.26 所示。

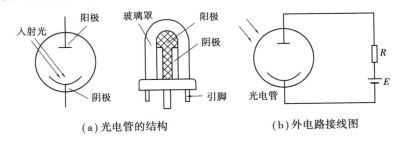

（a）光电管的结构　　　　　　（b）外电路接线图

图 6.26　普通光电管的结构及外电路接线图

（2）光电倍增管

由于真空光电管的灵敏度较低,因此人们便研制了光电倍增管,其结构和电路如图 6.27 所示。

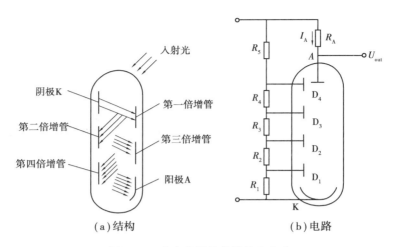

图 6.27　光电倍增管的结构和电路

6.3.2　光电管特性

（1）光电特性

光电特性是指当光电管的阳极电压一定时,阳极电流 I 与入射在阴极上光通量 φ 之间的关系。

（2）伏安特性

当入射光的频谱及光通量一定时,阳极与阴极之间的电压同光电流的关系叫伏安特性。

（3）光谱特性

由于光阴极对光谱有选择性,因此光电管对光谱也有选择性。保持光通量和阳极电压不变,阳极电流与光波长之间的关系叫光电管的光谱特性。光电管尚有温度特性、疲劳特性、惯性特性、暗电流和衰老特性等,使用时应根据产品说明书和有关手册合理选用。

【技能训练】掌握光电管在实际中的应用。

（1）光电管在电影放映机上的应用

影片声音在录制时是将声音转换为机械振动,再通过光束宽度的变换记录在电影胶片上,胶片上宽度不同的影像声迹,包含着声音的信息,其工作原理如图 6.28 所示。

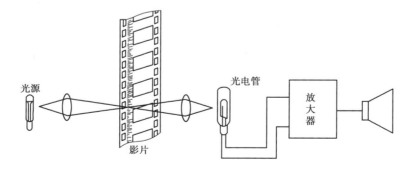

图 6.28　影片声音重放工作原理图

影片放音时,光源、胶片的声迹和光电管的位置安放在同一条直线上,光源发出的光束通过影片边缘上的声迹射入光电管中。由于声迹宽度的起伏变化,进入光电管的光线强弱也发生相应的变化,光电流也就随着发生变化。光电流的这种变化,经放大器放大后送入扬声器,就能把变化的电流还原成声音,在银幕放映画面的同时重放出声音。

（2）路灯光电控越器

路灯光电控制器电路如图 6.29 所示。该电路采用光电倍增管作为传感器,灵敏度高,能有效防止电路状态转换时不稳定过程。电路中设置有延时电路,具有对雷电和各种短时强光的抗干扰能力。

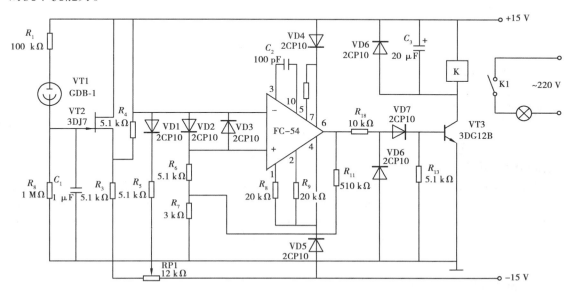

图 6.29　路灯光电控制器电路图

电路主要由光电转换级、运放滞后比较级、驱动级等组成。白天当光电管 VT1 的光电阴极受到较强的光照时,光电管产生光电流,使得场效应管 VT2 栅极上的正电压增高,漏源电流增大,这时在运放 IC 的反相输入端的电压约为 +3.1 V,所以运放输出为负电压,VD7、VD3 截止,继电器 KM 不工作,其触点 Kl 为常开触点,因此路灯不亮;到了傍晚时分,环境光线渐弱,光电管 VT1 的光电流减小,使得 VT2 的栅极电压和漏极电流减小,这时运放 IC 反相输入端的电压为负电压,输出端约有 +13 V 的电压输出,因此 VD7 导通,VD3 随之导通饱和,K 工作,K1 闭合,路灯点亮。

项目小结

本项目重点介绍光敏传感器、光电池和光电管等传感器。

光敏传感器包括光敏电阻和光敏晶体管,以光电导效应为基础工作的。光敏电阻是涂于玻璃底板上的一薄层半导体物质,半导体的两端装有金属电极,金属电极与引出线端相连接,光敏电阻就通过引出线端接入电路。常用的光敏电阻是由硫化镉制成的,另外还有硫化铝、硫化铅、硫化铋、硒化镉、硫化铊等材料。光电晶体管与普通晶体管相似,其中光敏三极管比光敏二极管灵敏度高。

光电池也称太阳能电池,是电能量传感器。光电池有硒、硫化铊、硫化镉、锗、硅、砷化镓等几种。其中硅光电池性能稳定、光谱范围宽、频率特性好、传递效率高,目前最受重视。硒光电池的光谱峰值在人眼的视觉范围内,所以多用于分析仪器。

光电管以外光电效应为基础工作,有光电管和光电倍增管两种,在一个真空泡内装有两个电极:光电阴极和光电阳极。光电阴极通常是用逸出功小的光敏材料涂敷在玻璃泡内壁上做成,其感光面对准光的照射孔。当光线照射到光敏材料上,便有电子逸出,这些电子被具有正电位的阳极所吸引,在光电管内形成空间电子流,在外电路就产生电流。光电管的主要特性有:光电特性、伏安特性、光谱特性。

知识拓展

(1)光电开关

利用光敏电阻,以光源为媒介,控制电路的通断,这样的开关就是光电开关。安防系统中常见的光电开关是烟雾报警器,工业中经常用它来计数机械臂的运动次数。

光电开关的重要功能是能够处理光的强度变化:利用光学元件,在传播媒介中间使光束发生变化,利用光束来反射物体,使光束发射经过长距离后瞬间返回。光电开关由发射器、接收器和检测电路三部分组成。发射器对准目标发射光束,发射的光束一般来源于发光二极管(LED)和激光二极管。光束不间断地发射,或者改变脉冲宽度。受脉冲调制的光束辐射强度在发射中经过多次选择,朝着目标不间断地运行。接收器有光电二极管或光电三极管组成。在接收器的前面,装有光学元件如透镜和光圈等。在其后面的是检测电路,它能滤出有效信号和应用该信号。光电开关广泛应用于自动计数、安全保护、自动报警和限位控制等方面。

1)分类

根据光线的走向,光电开关可分为对射型、漫反射型和镜面反射型三种。

①对射型光电开关

由发射器和接收器组成,结构上两者是相互分离的,在光束被中断的情况下会产一个开关信号变化,典型的方式是位于同一轴线上的光电开关可以相互分开达 50 m,原理如图 6.30 所示。

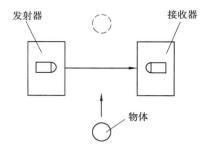

图 6.30 对射型光电开关原理图

特征:a. 辨别不透明的反光物体;b. 有效距离大,因为光束跨越感应距离的时间仅一次;c. 不易受干扰,可以在野外或者有灰尘的环境中使用;d. 装置的消耗高,两个单元都必须敷设电缆。

②漫反射型光电开关

当开关发射光束时,目标产生漫反射,发射器和接收器构成单个的标准部件,当有足够的组合光返回接收器时,开关状态发生变化,作用距离的典型值一直到 3 米,原理如图 6.31 所示。

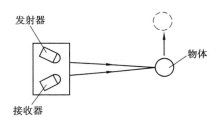

图 6.31　漫反射型光电开关原理图

特征:a. 有效作用距离由目标的反射能力、目标表面性质和颜色决定;b. 较小的装配开支,当开关由单个元件组成时,通常是可以达到粗定位;c. 采用背景抑制功能调节测量距离;d. 对目标上的灰尘和对目标变化引起的反射性能敏感。

③镜面反射型光电开关

由发射器和接收器构成的情况是一种标准配置,从发射器发出的光束在对面的反射镜被反射,即返回接收器,当光束被中断时会产生一个开关信号的变化。光的通过时间是两倍的信号持续时间,有效作用距离为 0.1 ~ 20 m,原理如图 6.32 所示。

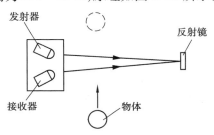

图 6.32　镜面反射型光电开关原理图

特征:a. 能辨别不透明的物体;b. 借助反射镜部件,形成较高的有效距离范围;c. 不易受干扰,可以可靠地使用在野外或者有灰尘的环境中。

2)使用注意事项

①红外线传感器属漫反射型的产品,所采用的标准检测体为平面的白色画纸。

②红外线光电开关在环境照度高的情况下都能稳定工作,但原则上应回避将传感器光轴正对太阳光等强光源。

③对射型光电开关最小可检测宽度为该种光电开关透镜宽度的80%。

④当使用感性负载(如灯、电动机等)时,其瞬态冲击电流较大,可能劣化或损坏交流二线的光电开关,在这种情况下,请将负载经过交流继电器来转换使用。

⑤红外线光电开关的透镜可用擦镜纸擦拭,禁用稀释溶剂等化学品,以免永久损坏塑料镜。

⑥针对用户的现场实际要求,在一些较为恶劣的条件下,如灰尘较多的场合,所生产的光电开关在灵敏度的选择上增加了50%,以适应在长期使用中延长光电开关维护周期的要求。

⑦产品均为 SMD 工艺生产制造,并经严格的测试合格后才出厂,在一般情况下使用均不会出现损坏。为了避免意外发生,请用户在接通电源前检查接线是否正确,核定电压是否为额定值。

（2）电荷耦合器件

电荷耦合器件（Charge Couple Device，CCD），它将光敏二极管阵列和读出移位寄存器集成为一体，构成具有自扫描功能的图像传感器。它是一种金属氧化物半导体（MOS）集成电路器件，以电荷作为信号，基本功能是进行光电转换电荷的存储和电荷的转移输出。可广泛应用于自动控制和自动测量，尤其适用于图像识别技术。

1）CCD图像传感器的分类

①面阵CCD：允许拍摄者在任何快门速度下一次曝光拍摄移动物体。

②线阵CCD：用一排像素扫描图片，做三次曝光，分别对应于红、绿、蓝三色滤镜，正如名称所表示的，线性CCD图像传感器是捕捉一维图像。初期应用于广告界拍摄静态图像，线性阵列处理高分辨率的图像时，受局限于非移动的连续光照的物体。

③三线CCD：在三线CCD图像传感器中，三排并行的像素分别覆盖RGB滤镜，当捕捉彩色图片时，完整的彩色图片由多排的像素来组合成。三线CCD图像传感器多用于高端数码相机，以产生高的分辨率和光谱色阶。

④交织传输CCD：这种传感器利用单独的阵列摄取图像和电量转化，允许在拍摄下一图像时再读取当前图像。交织传输CCD图像传感器通常用于低端数码相机、摄像机和拍摄动画的广播拍摄机。

⑤全幅面CCD：此种CCD具有更多电量处理能力，更好的动态范围，低噪声和传输光学分辨率，允许即时拍摄全彩图片。全幅面CCD由并行浮点寄存器、串行浮点寄存器和信号输出放大器组成。全幅面CCD曝光是由机械快门或闸门控制去保存图像，并行寄存器用于测光和读取测光值。图像投射到作投影幕的并行阵列上。此元件接收图像信息并把它分成离散的由数目决定量化的元素。这些信息流就会由并行寄存器流向串行寄存器。此过程反复执行，直到所有的信息传输完毕。接着，系统进行精确的图像重组。

2）CCD图像传感器的特性参数

①电荷。转移效率：CCD以电荷作为信号，转移一次后，到达下一个势阱中的电荷与原来势阱中的电荷之比称为电荷转移效率。

②分辨率：CCD图像传感器的分辨率用调制转移函数MTF表征。当光强以正弦变化的图像作用在传感器上时，电信号幅度随光像空间频率的变化为调制转移函数MTF。

③暗电流：暗电流起因于热激发产生的电子—空穴对，是缺陷产生的主要原因。CCD器件暗电流越小越好。

④灵敏度：图像传感器的灵敏度是指单位发射照度下，单位时间、单位面积发射的电量，即

$$S = \frac{N_s q}{HAt} \qquad (6.3)$$

式中，H 为光像的发射照度；A 为面积；N_s 为 t 时间内能收集的载流子数；q 为电荷数。

3）CCD图像传感器的应用

①线阵CCD器件检测工件尺寸

从光源发出的光，经过透镜变成平行光后，投射到工件上。在工件的另一端放置一个线阵CCD器件，因此光通过器件成像于CCD器件上，CCD器件输出信号经过处理，得到一系列的脉冲，根据脉冲数可得工件的直径数值，工作原理如图6.33所示。

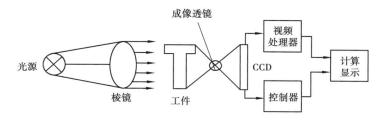

图 6.33　线阵 CCD 器件检测工件尺寸原理图

②文字图像识别系统

它常用于邮政编码识别系统,其工作原理如图 6.34 所示。写有邮政编码的信封放在传送带上,传感器光敏元的排列方向与信封的运动方向垂直,光学镜头将编码的数字聚焦到光敏元上。当信封运动时,传感器以逐行扫描的方式把数字依次读出。读出的数字经二值化等处理,与计算机中存储的数字特征比较,最后识别出数字码。由数字码、计算机控制分类机构,把信件送入相应的分类箱中。

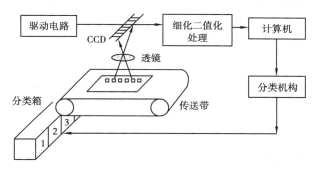

图 6.34　邮政编码识别系统工作原理

思考与练习

(1)试述光敏电阻、光敏二极管、光敏三极管的工作原理。

(2)什么是光电效应?

(3)什么是内光电效应? 什么是外光电效应? 说明其工作原理并指出相应光电器件?

(4)试拟出带有自动温度补偿的硅光电池传感器的原理图,并加以说明。

(5)光电池有哪些应用?

(6)试述光电管和光电倍增管的结构差别。

项目 **7**

数字式传感器及应用

【项目描述】数字式传感器就是将被测量(一般是位移量)转化为数字信号,并进行精确检测和控制的传感器。它是测量技术、微电子技术和计算机技术的综合产物,是传感器技术的发展方向之一。目前,它们在精密定位系统和精密加工技术中得到广泛应用,这是前面介绍过的其他位置传感器,如电感、电容等无法比拟的。数字式传感器一般包括光栅式传感器、磁栅式传感器、编码器、谐振式传感器、转速传感器、感应同步器等。

【学习目标】掌握绝对式编码器、增量式编码器的工作原理;了解绝对式编码器的编码方式;了解增量式光电编码器的码盘结构;掌握光栅传感器的工作原理;了解光栅传感器的结构;了解辨向原理和细分技术;了解同步感应器的结构;掌握同步感应器的工作原理;了解同步感应器的信号处理方式;了解编码式测速传感器、光栅数显表、感应同步器数显表的主要组成部分及工作原理。

【技能目标】能根据实际要求选择合适的数字式位移传感器和测量电路,测量出直线位移和角位移量,以数字形式显示信号。

任务 7.1 角度编码器

【活动情景】码盘又称角度编码器,是一种旋转式位置传感器,通常装在被测轴随之一起转动。角度编码器是把角位移转换成电脉冲信号的一种装置。它是一种常用的角位移传感器,同时也可作速度检测装置,具有精度高、测量量程大、反应快、体积小、安装方便、维护简单、工作可靠等特点。按照工作原理编码器可分为绝对式和增量式两类。

【任务要求】本任务从结构、原理、应用等方面对角度编码器进行学习。

【基本活动】

7.1.1 绝对式角度编码器

绝对式编码器是在码盘的每一转角位置刻有表示该位置的唯一代码,通过读取编码盘上的代码来表示轴的位置。它是利用自然二进制或循环二进制编码方式进行转换的。它能表示绝对位置,没有累积误差,电源切除后,位置信息不丢失,仍能读出转动角度。绝对式角度编码器有光电式、接触式和电磁式三种,现以接触式四位绝对编码器为例来说明其工作原理。

图7.1(a)所示为二进制码盘。它在一个不导电基体上做成许多金属区使其导电,其中有黑色的部分为导电区,用"1"表示;其他部分为绝缘区,用"0"表示。通常,我们把组成编码的各圈称为码道,码盘最里圈是公用的,它和各码道所有导电部分连在一起,经电刷和电阻接电源负极。在接触式码盘的每个码道上都装有电刷,电刷经限流电阻接到电源正极[图7.1(b)]。当检测对象带动码盘一起转动时,电刷和码盘的相对位置发生变化,与电刷串联的电阻将会出现有电流通过或没有电流通过两种情况。若电刷接触的是导电区,回路中的电阻上有电流通过,为"1";反之,电刷接触的是绝缘区,电阻上无电流通过,为"0"。如果码盘顺时针转动,根据电刷位置得到由"1"和"0"组成的二进制码,就可依次得到按规定编码的数字信号输出。

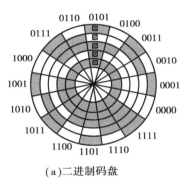

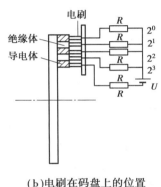

（a）二进制码盘　　　　　　　　　（b）电刷在码盘上的位置

图7.1　接触式四位绝对编码器

由图7.1可以看出,码道的圈数就是二进制的位数,分辨角 $\theta = 360°/2^4 = 22.50°$,若是 n 位二进制码盘,就有 n 圈码道,分辨角 $\theta = 360°/2^n$,码盘位数越大,所能分辨的角度越小,测量精度越高。若要提高分辨率,就必须增多码道,即二进制位数增多。目前接触式码盘一般可以做到9位二进制,光电式码盘可以做到18位二进制。

纯二进制编码方式虽然简单、易于理解,但如果电刷安装不准,或转移点不明确,容易产生误读错误,而出现很大的数值误差。如当电刷由位置7(0111)变为8(1000)时,如果第一位先发生变化,而其他三位还来不及变化,这样输出过程就是 7(0111)→15(1111)→8(1000),为消除这种误差,可采用循环码盘。它的基本思想是:当码盘转动时,在相邻的计数位置,每次只有一位代码有变化。因而,即使光电盘的制作和安装中有误差存在,产生的误差也不会超过读数的最低位的单位量。二进制码转换成循环码的方法是将二进制码右移一位并舍去末位的数码,再与二进制数码作不进位加法,结果即为循环码。表7.1所示是循环码和二进制码的对照表。

应该指出的是,由于循环码的各位没有固定的权,因此需要用相应的转换电路把它转换成二进制编码。

接触式码盘的优点是结构简单,缺点是有接触磨损而会影响使用寿命,且不能高速旋转,否则电刷的跳动会产生误差。

表 7.1 循环码和二进制码的对照表

十进制	二进制	循环码	十进制	二进制	循环码
0	0000	0000	8	1000	1100
1	0001	0001	9	1001	1101
2	0010	0011	10	1010	1111
3	0011	0010	11	1011	1110
4	0100	0110	12	1100	1010
5	0101	0111	13	1101	1011
6	0010	0101	14	1110	1001
7	0111	0100	15	1111	1000

7.1.2 增量式角度编码器

增量式角度编码器是将位移转换成周期性的电信号,再把这个电信号转变成计数脉冲,用脉冲的个数表示位移的大小。在增量式测量中,移动部件每移动一个基本长度单位,位置传感器便发出一个测量信号,此信号通常是脉冲。这样,一个脉冲所代表的基本长度单位就是分辨力,对脉冲计数,便可得到位移量。增量式编码器分光电式、接触式和电磁感应式三种。就精度和可靠性来讲光电式编码器优于其他两种,它的型号是用脉冲数/转(p/r)来区分,通常有 2 000、2 500、3 000p/r 等。

在一个圆盘周围分成相等的透明与不透明相间的辐射状线纹,形成圆光栅(标尺光栅),另在指示光栅上刻有两组线纹 A 和 B,每组线纹的节距与圆光栅的节距相同,但 A、B 两组线纹彼此错开 1/4 节距。指示光栅固定在底座上,且与圆光栅平行放置,并保持一个很小的距离。当伺服电机带动编码器旋转时,形成明暗相间的条纹(即光信号),光电池组接受这些明暗相间的光信号后,便产生近似于正弦波的两组电压信号(A 和 B)。

光电式编码器由光源、聚光镜、光电盘、光栅板、光电元件和信号处理电路等组成,其结构如图 7.2 所示。

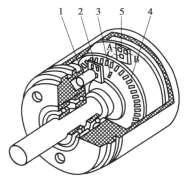

图 7.2 增量式光电码盘结构示意图

1—发光二极管;2—光栅板;3—零标志位光槽;4—光电盘;5—光敏元件

光源最常用的是自身有聚光效果的发光二极管。光电盘是用玻璃材料研磨抛光制成,玻璃表面在真空中镀上一层不透光的铬,然后用照相腐蚀法在上面制成向心透光窄缝。透光窄缝在圆周上等分,其数量从几百条到几千条不等。光栏板也用玻璃材料研磨抛光制成,其透光窄缝为两条 A 和 B,节距与光电盘的透光窄缝节距相同,但 A、B 彼此错开 1/4 节距,A 和 B 后面各安装一只光电元件。光电盘与工作轴连在一起,光电盘转动时,光源的光线将透过窄缝,每转过一个缝隙就发生一次光线的明暗变化,光电元件把通过光电盘和光栏板射来的忽明忽暗的光信号转换为近似正弦波的电信号,如图 7.3 所示,两者相位差 90°,经放大整形后,变成方波信号 A_1 和 B_1,把方波脉冲信号送到计数器,通过记录脉冲的数目,就可以测出转角。同时由 A 和 B 信号的相位关系可以判断出正转还是反转。此外,在光电盘的里圈不透光圆环上还刻有一条透光条纹,用以产生每转一圈的零位脉冲信号。

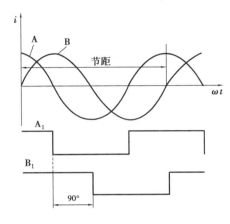

图 7.3 增量式光电编码器的输出波形

光电式码盘由于没有电刷,因而也就没有接触磨损,寿命较接触式码盘长,且允许工作转速高,码道缝隙宽度可做得很小,因而分辨率也极高,能达到 $1/2^{19}$。其缺点是结构复杂、价格昂贵、光源寿命不长。

任务7.2 光栅传感器

【活动情景】光栅传感器是利用光栅的莫尔条纹现象来测量位移,它把光栅作为测量长度的计量元件,也称为计量光栅。由于光栅传感器的原理简单、测量精度高、响应速度快、量程范围大、可实现动态测量,所以被广泛应用于长度和角度的精密测量。只要能够转换成位移的物理量,如速度、加速度、振动、变形等均可测量。

【任务要求】掌握光栅传感器的工作原理;了解光栅传感器的结构、辨向原理和细分技术。

【基本活动】

7.2.1 光栅传感器的结构

光栅传感器由光栅、光源、光电元件和转换电路等所示。

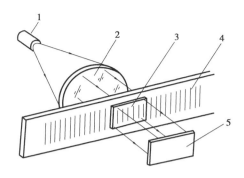

图 7.4　光栅传感器的结构
1—光源;2—透镜;3—指示光栅;4—标尺光栅;5—光电元件

（1）光栅的分类和结构

光栅按其用途分为圆光栅和长光栅,圆光栅用于角位移的检测,长光栅用于直线位移的检测。根据栅线形式的不同,光栅分为黑白光栅和相位光栅,黑白光栅只对入射光波的振幅或光强进行调制,相位光栅对入射光波的相位进行调制。根据光线的走向,光栅还分为透射光栅和反射光栅,透射光栅是将栅线刻制在透明材料上,常用光学玻璃和制版玻璃,反射光栅的栅条刻制在具有强反射能力的金属板上,一般用不锈钢。下面主要讨论用于长度测量的黑白透射光栅。

光栅包括标尺光栅和指示光栅,它们是用真空镀膜的方法在透明玻璃上刻有大量相互平行、等宽而又等间距的刻线,形成连续的透光区和不透光区,标尺光栅和指示光栅的光刻密度相同,但长度相差很多。如图 7.5 所示的是一块黑白型长光栅,平行等距的刻线称为栅线,图中 a 为透光区的宽度,b 为不透光区的宽度,一般情况下,光栅的透光部分的宽度等于不透光部分的宽度,即 $a = b$。$a + b = W$ 称为光栅栅距(也称光栅节距或称光栅常数),它是光栅的一个重要参数。常见的长光栅的线纹密度为 25、50、100、125、250 条/mm。对于圆光栅,这些刻线是等栅距角的向心条纹,若直径为 70 mm,一周内刻线 100 ~ 768 条;若直径为 110 mm,一周内刻线达 600 ~ 1 024 条,甚至更高。

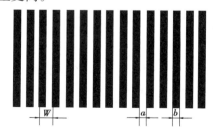

图 7.5　黑白型长光栅

（2）光源

光源和聚光镜组成照明系统,光源放在聚光镜的焦平面上,光线经聚光镜成平行光投向光栅。光源主要有白炽灯的普通光源和半导体发光器件的固态光源。白炽灯的普通光源有较大的输出功率和较高的工作范围,而且价格便宜,但存在着辐射热量大、体积大和不易小型化、与光电元件相组合的转换效率低等弱点,故而应用越来越少。半导体发光器件转换效率高,响应特征快速,如砷化镓发光二极管,与硅光敏三极管相结合,转换效率最高可达30%左右,脉冲响应速度约为几十纳秒,可以使光源工作在触发状态,从而减小功耗和热耗散,近年来应用较为普遍。

(3)光电元件和转换电路

光电元件是一种将光强信号转换为电信号的转换元件,它接收透过光栅的光强信号,并将其转换成与之成比例的电压信号。光电元件主要有光电池和光电管。在采用固态光源时,需要选用敏感波长与光源相接近的光电元件,以获得高的转换效率。在光电元件的输出端,常接有放大器,通过放大器得到足够的信号输出以防干扰的影响。由于光电元件产生的电压信号一般比较微弱,在长距离传递时很容易被各种干扰信号所淹没、覆盖,造成传送失真。为了保证光电元件输出的信号在传送中不失真,应通过转换电路将该电压信号进行功率和电压放大,然后再进行传送。

7.2.2　光栅传感器的工作原理

光栅的工作原理是根据物理上莫尔条纹的形成原理进行工作的。把指示光栅平行地放在标尺光栅上面,并且使它们的刻线相互倾斜一个很小的角度θ,在两光栅刻线的重合处,光从缝隙透过,形成亮带;在两光栅刻线的错开处,由于相互挡光作用而形成暗带,这些与光栅线纹几乎垂直相间出现的亮、暗带就是莫尔条纹。如图7.6所示。

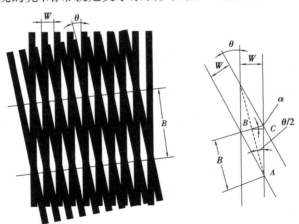

图7.6　莫尔条纹的形成

莫尔条纹具有以下性质:

①由于莫尔条纹是由若干条光栅线纹共同干涉形成的,所以莫尔条纹对光栅个别栅线之间的栅距误差具有平均效应,从而在很大程度上能消除光栅刻线不均匀所引起的误差。

②若用B表示莫尔条纹的宽度,W表示光栅的栅距,θ表示两光栅的夹角,则它们之间的几何关系为

$$B = \frac{W}{2\sin\dfrac{\theta}{2}} \approx \frac{W}{\theta} \qquad (7.1)$$

若取$W = 0.01$ mm,$\theta = 0.01$ rad,则由上式可得$B = 1$ mm。这说明,无需复杂的光学系统和电子系统,利用光的干涉现象就能把光栅的栅距放大100倍。这种放大作用是光栅的一个

重要特点。

③莫尔条纹的移动与两光栅之间的相对移动相对应。两光栅相对移动一个栅距 W,莫尔条纹便相应移动一个莫尔条纹宽度 B,其方向与两光栅尺相对移动的方向垂直,且当两光栅相对移动的方向改变时,莫尔条纹移动的方向也随之改变。两光栅相对移动时,光电元件从固定位置观察到的莫尔条纹的光强的变化近似于正弦波变化。光栅相对移动一个栅距 W,光强也变化一个周期,光栅位移与光强及输出电压的关系如图 7.7 所示。

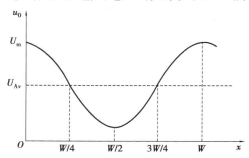

图 7.7 光栅位移与光强及输出电压的关系

7.2.3 光栅测量系统

(1)辨向原理

前文介绍光栅传感器的工作原理中分析了光栅传感器的输出信号与相对位移量之间的关系近似于正弦波,在实际应用中,无论光栅作正向移动还是反向移动,单个光电元件接收一固定点的莫尔条纹信号,都产生相同的正弦信号,是无法分辨移动方向的。为了辨向,需要两个有一定相位差的莫尔条纹信号,通常在相距$(m \pm 1/4)L$(相当于电相角 1/4 周期)的距离上安装两套光电元件,又称 sin 和 cos 元件。这样就可以得到两个相位相差$\frac{\pi}{2}$的电信号 u_{os} 和 u_{oc},如图 7.8 所示,经放大、整形后得到 u'_{os} 和 u'_{oc} 两个方波信号,判断两路信号的相位差即可判断出指示光栅的移动方向。当指示光栅向右移动时,u_{os} 滞后于 u_{oc};当指示光栅向左移动时,u_{os} 超前于 u_{oc};据此判断指示光栅的移动方向。

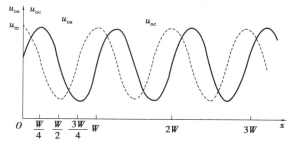

图 7.8 辨向电路输出波形

(2)细分技术

细分技术又称倍频技术。如将光敏元件的输出电信号直接计数,则光栅的分辨率只有一个 W 的大小。由于光栅刻线数越多,成本越昂贵,为了能够分辨比 W 更小的位移量,在不增加光栅刻线数的情况下只能采用细分电路。细分电路就是在莫尔条纹变化一周期时,不只输出一个脉冲,而是输出等间隔地给出 n 个计数脉冲。通常采用的细分方法有 4 倍频法,可用 4 个依次相邻的光电元件,在莫尔条纹的一个周期内将产生 4 个计数脉冲,实现四细分。细分前,光栅的分辨力只有一个栅距的大小。采用 4 细分技术后,计数脉冲的频率提高了 4 倍,相当于原光栅的分辨力提高了 3 倍,测量步距是原来的 1/4,较大地提高了测量精度。如图 7.9 所示实现四倍频的线路,74LS153 是双四选一线路,有专用的集成电路。这种倍频线路产生的脉冲信号与时钟 CP 同步,应用比较方便,工作也十分可靠。其波形图见图 7.10。在该四倍频线路中,时钟脉冲信号的频率要远远高于方波信号 A 和 B 的频率以减少倍频后的相移误差。

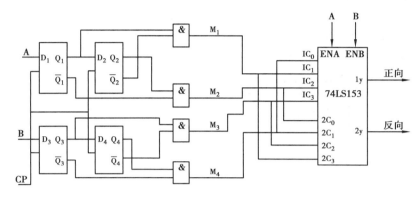

图 7.9 四倍频线路逻辑图

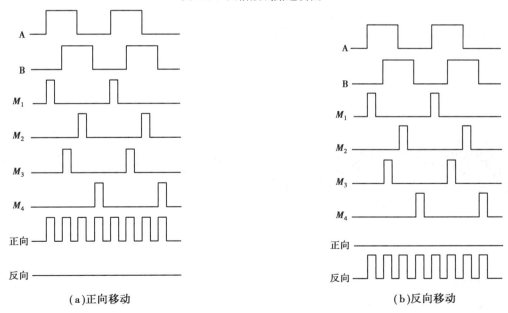

（a）正向移动   （b）反向移动

图 7.10 四倍频线路波形图

任务 7.3 感应同步器

【活动情景】感应同步器是能测量位移,并可转换成数字显示的传感器,它利用两个平面形印刷电路绕组的互感随其位置变化的原理制成。按其用途可分为直线式感应同步器和旋转式感应同步器两大类,前者用于直线位移的测量,后者用于转角位移的测量。感应同步器具有精度和分辨率高、抗干扰能力强、使用寿命长、维护简单等优点,被广泛应用于大位移静态与动态测量。

【任务要求】掌握同步感应器的工作原理;了解同步感应器的结构和信号处理方式;了解数字式传感器在实际中的应用。

【基本活动】

7.3.1 感应同步器的结构

(1)直线式感应同步器的结构和材料

直线式感应同步器由定尺和滑尺组成,如图7.11所示。

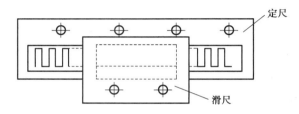

图7.11 直线式感应同步器的外形

定尺和滑尺上均做成印刷电路绕组,定尺是固定绕组,均匀分布着节距为 W_2 的连续绕组,绕组结构如图7.12(a)所示,$W_2 = 2(a_2 + b_2)$,其中 a_2 为导电片片宽,b_2 为片间间隔。滑尺上分布着交替排列的正弦绕组和余弦绕组两组可动的分段绕组,它们的节距相等,为 $W_1 = 2(a_1 + b_1)$,两组间相差90°。为此两相绕组中心线距应为 $l_1 = \left(\dfrac{n}{2} + \dfrac{l}{4}\right)W_2$,其中 n 为正整数。滑尺绕组有 W 形和 U 形两种,如图7.12(b)和图7.12(c)所示。

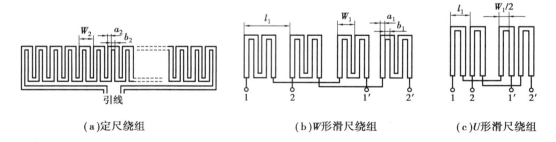

(a)定尺绕组   (b)W形滑尺绕组   (c)U形滑尺绕组

图7.12 绕组结构

定尺和滑尺的基板材料常采用优质碳素结构钢,由于这种材料导磁系数高,矫顽磁力小,既能增强激磁磁场,又不会有过大的剩余电压,为了保证刚度,一般基板厚度为10 mm。定尺与滑尺上的平面绕组用电解铜箔构成导片,要求薄厚均匀、无缺陷,一般厚度选用0.1 mm以下,允许通过的电流密度为5 A/mm²。定尺与滑尺上绕组导片和基板的绝缘膜的厚度一般小于0.1 mm,绝缘材料一般选用酚醛玻璃环氧丝布和聚乙烯醇缩本丁醛胶或用聚酰胺做固化剂的环氧树脂,这些材料黏着力强、绝缘性好。滑尺绕组表面上贴上带绝缘层的铝箔,起静电屏蔽作用,将滑尺用螺钉安装在机械设备上时,铝箔还起着自然接地的作用。它应该足够薄,以免产生较大的涡流。为了防止环境对绕组导片的腐蚀,一般要在导片上涂一层防腐绝缘漆。

（2）旋转式感应同步器的结构

旋转式感应同步器的结构如图 7.13 所示,由转子和定子组成,其转子相当于直线感应同步器的定尺,定子相当于滑尺,定子上分布着两相分段绕组,转子上为连续绕组,旋转式感应同步器直径大致可分成 50、76、146、178、251、302 mm 等几种,极数有 180、256、360、720、1 080 极等。一般在极数相同的情况下,旋转式感应同步器的直径做得越大,精度也就越高。

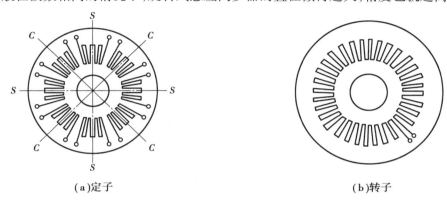

（a）定子　　　　　　　　　　　　　　（b）转子

图 7.13　旋转式感应同步器的结构

S—正弦绕组;C—余弦绕组

7.3.2　感应同步器的工作原理

工作时,定尺和滑尺绕组平面平行相对,它们之间有一气隙,可以做相对移动。当滑尺的两相绕组以一定的正弦电压激磁时,由于电磁感应,在定尺的绕组中将产生同频率的交变感应电动势,感应电动势的大小取决于定尺和滑尺两绕组的相对位置。

为了说明感应电动势和位置的关系,图 7.14 给出了滑尺绕组相对于定尺绕组处于不同的位置时,定尺绕组中感应电动势的变化情况。当滑尺上的正弦绕组和定尺上的绕组位置重合时,即图中 A 点,耦合磁通最大,这时定尺绕组中的感应电动势最大;如果滑尺相对于定尺从 A 点逐渐平行移动,感应电动势慢慢减小,当移动到 1/4 节距位置处（即 B 点）,在感应绕组内的感应电动势相抵消,总感应电动势减为零;若再继续移动,移到 1/2 节距的 C 点,可得到与初始位置极性相反的最大感应电动势;移动到达 3/4 节距的 D 点时,感应电动势再一次变为零;移动了一个节距到达 E 点,又回到与初始位置完全相同的耦合状态,相当于又回到了A 点,感应电动势为最大。这样,滑尺在移动一个节距的过程中,感应同步器定尺绕组的感应电动势近似于余弦函数变化了一个周期。继续移动感应电动势会随着滑尺相对定尺的移动而呈周期性变化。

7.3.3　感应同步器的信号处理方式

对感应同步器的信号处理,根据工作要求和精度的不同有鉴相式、鉴幅式、幅相式等,下面介绍鉴相式和鉴幅式。

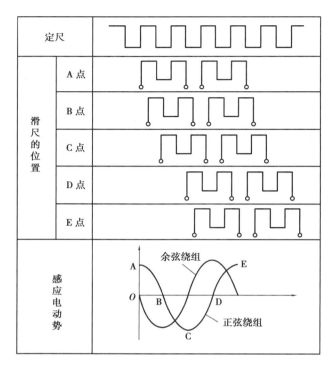

图7.14 感应电动势和定、滑尺相对位置的关系

（1）鉴相式

鉴相式是根据感应电动势的相位来鉴别位移量。如果将滑尺上正弦和余弦绕组不仅在绕组的配置上错开1/4节距的距离，而且还使供给两绕组的激磁电压幅值、频率均相等，但相位相差90°，即正弦绕组激磁电压和余弦绕组激磁电压分别为

$$u_s = U_m \sin \omega t \qquad\qquad (7.2)$$

$$u_c = U_m \cos \omega t \qquad\qquad (7.3)$$

当仅对余弦绕组施加交流激磁电压 U_c 时，定尺绕组感应电动势为

$$e_c = kU_m \sin \omega t \cos \theta \qquad\qquad (7.4)$$

当仅对正弦绕组施加交流激磁电压 U_s 时，定尺绕组感应电动势为

$$e_s = -kU_m \cos \omega t \sin \theta \qquad\qquad (7.5)$$

式中，k 为滑尺和定尺的电磁耦合系数；θ 为滑尺和定尺相对位移的折算角，若绕组的节距为 W，相对位移为 l，$\theta = \dfrac{l}{W}360°$。

对滑尺上两个绕组同时加激磁电压，则定尺绕组上所感应的总电动势为

$$e = e_s + e_c = kU_m \sin \omega t \cos \theta - kU_m \cos \omega t \sin \theta = kU_m \sin(\omega t - \theta) \qquad (7.6)$$

从式（7-6）可以看出，感应同步器定尺绕组的相位就是感应同步器相对位置 θ 角的函数，检测相位就可以确定滑尺的相对位移。

（2）鉴幅式

在滑尺的两个绕组上施加相同频率和相位、但不同幅值的交流激磁电压 u_c 和 u_s。

$$u_s = -U_m \sin \varphi \sin \omega t$$

$$u_c = U_m \cos \varphi \sin \omega t \tag{7.7}$$

设此时滑尺绕组与定尺绕组的相对位移角为 θ，则定尺绕组上的感应电动势为

$$e = kU_m \sin \varphi \cos \theta \cos \omega t - kU_m \cos \varphi \sin \theta \cos \omega t$$

$$= kU_m \sin(\varphi - \theta) \cos \omega t \tag{7.8}$$

式(7-8)表明，激励电压的 φ 值与感应同步器的定滑尺绕组的相对位移 θ 有对应关系，通过检测感应电动势的幅值来测量位移，这就是鉴幅测量方式的基本原理。

【技能训练】了解编码式测速传感器、光栅数显表、感应同步器数显表的主要组成部分及工作原理。

（1）编码式测速传感器

测速传感器是对被测对象的旋转速度进行测量，转速测量的方法有很多，利用角编码器测速具有精度高、反应快、工作可靠等特点，因此是一种比较常用的方法。测速传感器结构采用如图7.15所示的增量式光电编码器，检测 A、B 和 Z 三个增量脉冲信号的办法，A、B 输出信号成 90° 的相位差，具有辨向作用，Z 信号每转一周只输出一个脉冲，又称为零位标志，作为决定转角的原点。根据需要，当只需检测转速时，选择带一个光电耦合器的单相输出增量码盘测出 Z 信号即可；若还要判别正负转向并控制转角位置时，则需要选择内部含三个光电耦合器的有三相输出的增量码盘检测 A、B 和 Z 三个输出信号。

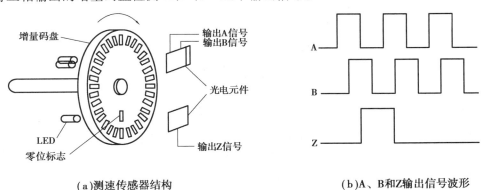

（a）测速传感器结构　　　　　　　（b）A、B和Z输出信号波形

图7.15　编码式测速传感器

（2）轴环式光栅数显表

轴环式光栅数显表结构和测量框如图7.16所示，定片（指示光栅）固定，动片（主光栅）可与外接旋转轴相连并转动，动片边沿均匀地刻有500条透光条纹，定片为圆弧形薄片，在其表面刻有两条亮条纹，间距1/4周期，使得接收到的信号相位正好相差 $\dfrac{\pi}{2}$，方便辨向，动片和定片之间保持一微小角度以得到莫尔条纹。当动片旋转时，产生莫尔条纹亮暗信号由光敏三极管接收，经整形、细分及辨向电路，根据运动的方向来控制可逆计数器计数，显示结果。

（3）感应同步器数显表

感应同步器数显表是通过变换电路，把感应同步器滑尺相对于定尺的位移转换成感应信号，并对感应信号的相移进行测定，来间接获得位移并加以实时显示的。如图7.17所示，当给滑尺加励磁电压后，将在定尺上产生感应电动势，它通过前置放大器放大后再输入到数显

表中,前置放大器是用来将定尺绕组送来的微弱信号加以放大,以提高抗干扰能力,数显表将感应同步器输出的电信号转换成数字信号并显示出相应的机械位移量。图中的匹配变压器是为了使激励源与感应同步器滑尺绕组的低输入阻抗相匹配而设置的。

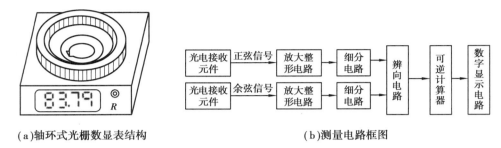

(a)轴环式光栅数显表结构　　　　　　　　(b)测量电路框图

图 7.16　轴环式光栅数显表

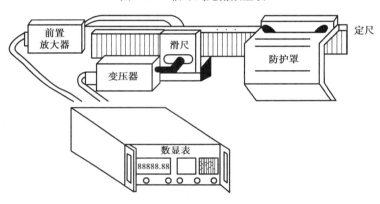

图 7.17　感应同步器数显表

(4)数字传感器的特点及使用范围

数字式传感器的特点是:①测量精度高、分辨率高、测量范围大;②输出信号抗干扰能力强、稳定性好;③安装方便,维护简单,工作可靠性高;④信号易于处理、传送和自动控制;⑤便于动态及多路测量,读数直观,可直接输入计算机处理,易于实现自动化和数字化,而且配上微处理器,还可起到数控作用,有利于提高加工精度,降低废品率,因而在机械工业的生产和自动测量以及自动控制系统中得到了广泛的应用。

项目小结

本项目从工作原理、结构、信号处理方式和应用方面介绍了几种常见的数字式传感器:角编码器、光栅式传感器、同步感应器。

角编码器是把角位移转换成电脉冲信号的装置。按照工作原理,编码器可分为增量式和绝对式两类。绝对式编码器是在码盘的每一转角位置刻有表示该位置的唯一代码,通过读取编码盘上的代码来表示轴的位置。它能表示绝对位置,没有累积误差,电源切除后,位置信号不丢失,仍能读出转动角度;增量式编码器是将位移转换成周期性的电信号,再把这个电信号转变成计数脉冲,用脉冲的个数表示位移的大小。角编码器具有精度高、测量量程大、反应快、体积小、安装方便、维护简单、工作可靠等特点。

　　光栅传感器由光栅、光源、光电元件和转换电路等组成。它利用光栅的莫尔条纹现象测量位移,把指示光栅平行地放在标尺光栅上面,并且使它们的刻线相互倾斜一个很小角度,在两光栅刻线的重合处和错开处,就会形成明暗相间的莫尔条纹。当两光栅相对移动时,光电元件从固定位置观察到的莫尔条纹的光强的变化近似于正弦波变化,光栅相对移动一个栅距,光强也变化一个周期,由此来测量位移。为了辨向,通常安装两套光电元件,即 sin 和 cos 元件,判断两路信号的相位差即可判断出指示光栅的移动方向。为了能够提高分辨率,在不增加光栅刻线数的情况下常采用细分电路。光栅传感器的原理简单、测量精度高、响应速度快、量程范围大、可实现动态测量,所以被广泛应用于长度和角度的精密测量。

　　感应同步器是利用两个平面形印刷电路绕组的互感随其位置变化的原理制成的。按其用途可分为直线式感应同步器和旋转式感应同步器两大类。直线式感应同步器由定尺和滑尺组成,工作时,定尺和滑尺绕组平面平行相对,它们之间有一气隙,可以做相对移动。当滑尺的两相绕组以一定的正弦电压激磁时,由于电磁感应,在定尺的绕组中将产生同频率的交变感应电动势,感应电动势的大小取决于定尺和滑尺两绕组的相对位置。对感应同步器的信号处理,主要有鉴相式和鉴幅式,对于鉴相式感应同步器,定尺绕组的相位就是感应同步器相对位置的函数,检测相位就可以确定滑尺的相对位移;而鉴幅式感应同步器激励电压的值与感应同步器的定滑尺绕组的相对位移有对应关系,通过检测感应电动势的幅值来测量位移。感应同步器具有精度和分辨率高、抗干扰能力强、使用寿命长、维护简单等优点,被广泛应用于大位移静态与动态测量。

知识拓展

　　(1)容栅传感器

　　1)容栅传感器概述

　　容栅传感器是一种基于变面积原理的电容式测量大位移传感器,它的电极不止一对,电极排列呈梳状,故称为容栅传感器。与光栅、感应同步器等其他数字式位移传感器相比,容栅传感器具有体积小、结构简单、重复性好、精度高、抗干扰能力强、对环境要求不苛刻、功耗小、成本低等优点,特别是其位移传感器的可动部分不需通电,解决了连线困难的问题,因此广泛应用于数显卡尺、千分表、测长仪、高度仪、坐标仪和机床数显装置中。

　　2)容栅传感器的结构和工作原理

　　容栅传感器可实现直线位移和角位移的测量,根据结构形式,容栅传感器可分为直线形容栅传感器、圆形容栅传感器和圆筒形容栅传感器三类。

　　①直线形容栅传感器

　　直线形容栅传感器用于直线位移的测量,整个传感器由两组条状电极群相对放置组成,一组为动尺,另一组为定尺,两者保持很小的间隙,如图7.18所示。在它们的 A、B 面上分别印制一系列相同尺寸均匀分布并互相绝缘的金属栅状极片,动尺上有多个发射电极和一个长条形接收电极,定尺上包含多个相互绝缘的反射电极和一个屏蔽电极。将动尺和定尺的栅极面相对放置,就形成一对对电容,因此,容栅传感器可看成由多个可变电容器并联组成。当动尺相对于定尺移动时,每对电容的相对遮盖长度将由大到小,或由小到大的周期性变化,电容量值也随之相应周期变化,经电路处理后,则可测得直线位移值。

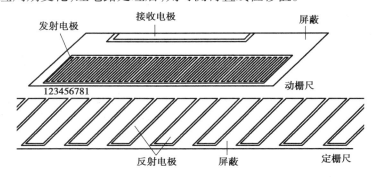

图 7.18　直线形容栅传感器的结构原理图

根据电场理论并忽略边缘效应,其最大电容量为

$$C_{max} = n \frac{\varepsilon ab}{\delta} \tag{7.9}$$

式中,n 为动尺栅极片数;a,b 为栅极片长度和宽度。

②圆形容栅传感器

圆形容栅传感器用于角位移的测量,在圆盘形绝缘材料基底上镀了多个辐射状电极群,两同轴圆盘上的电极群相对应,其电容耦合情况就反映了两圆盘相对旋转的角度。如图 7.19 所示,A、B 面上的栅极片呈辐射的扇形,尺寸相同并互相绝缘,工作原理与直线形容栅传感器相同。

最大电容为

$$C_{max} = n \frac{\varepsilon a (r_2^2 - r_1^2)}{2\delta} \tag{7.10}$$

式中,r_1,r_2 为圆盘上栅极片外半径和内半径;a 为每条栅极片对应的圆心角。

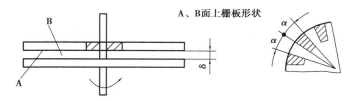

图 7.19　圆形容栅传感器的结构原理图

③圆筒形容栅传感器

圆筒形容栅传感器用于直线位移的测量,有两个套在一起的同轴圆筒组成,电极镀在圆筒上,可实现长度的测量。如图 7.20 所示,圆筒形容栅传感器是由同轴安装的定子(圆套)和转子(圆柱)组成,在它们的内、外柱面上刻制一系列宽度相等的齿和槽,当转子旋转时就形成了一个可变电容器,定子、转子齿面相对时电容量最大,错开时电容量最小。

3)容栅传感器的测量电路

容栅传感器的测量电路有多种形式,根据信号处理方式通常可分为鉴相式和鉴幅式测量电路,与感应同步器的测量系统的原理基本相同。应用鉴幅式测量电路的系统可达到 0.001 mm 的分辨率,主要在测长仪上使用;应用鉴相式测量电路的系统分辨率为 0.01 mm,主要在电子数字显示卡尺等数显量具上使用。

4）容栅传感器的应用

由于容栅传感器输出数字信号，使其在量具、量仪和机床数显装置中得到了广泛的应用，容栅数显卡尺、千分尺已经越来越多地替代了传统的卡尺和千分尺。图7.21所示为容栅数显千分尺的外形，它的分辨率为0.001 mm，重复精度为0.001 mm。数显千分尺采用圆容栅，圆容栅由旋转容栅和固定容栅组成。固定容栅安装在尺身上，旋转容栅随螺杆旋转，发射电极与反射电极的相对面积发生变化，反射电极上的电荷量也随之改变，并感应到接收电极上，接收电极上的电荷量与角位移相对应，经信号处理电路可通过显示器显示其直线位移。

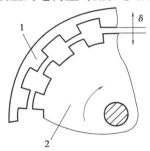 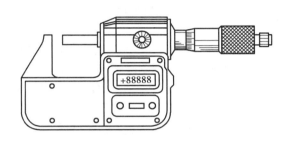

图7.20　圆筒形容栅传感器的结构原理图　　　　　图7.21　容栅数显千分尺
　　　　　　1—定子；2—转子

（2）磁栅传感器

磁栅传感器是一种新型的位置检测元件。与光栅传感器、感应同步器相比检测精度要低些，但它具有制作简单，复制方便，易于安装和调整，抗干扰能力强等一系列优点。需要时可将原来的磁信号抹去，重新录制，或安装在机床上后再录制磁化信号以消除安装误差和机床本身的几何误差，以及可方便地录制任意节距的磁栅，测量范围宽（从几十毫米到数十米），并且不需接长，因而在大型机床的数字检测及自动化机床的定位控制等方面得到了广泛应用。磁栅传感器的外形如图7.22所示。

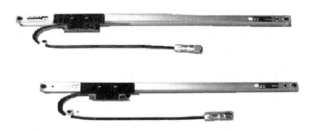

图7.22　磁栅传感器的外形

1）磁栅的组成及类型

磁栅传感器主要由磁栅（磁尺）、磁头和检测电路组成。

磁栅使用满足一定要求的硬磁合金或者热胀系数小的非导磁材料制成基体，在尺基的表面镀有一层均匀的磁性薄膜。再利用磁记录原理，将一定波长的矩形波或正弦波磁信号用磁头记录在磁性标尺的磁膜上作为测量基准。磁信号的波长又称节距，用W表示，如图7.23所示。常用的磁信号节距有0.05 mm和0.2 mm两种。磁栅在N与N、S与S重叠部位磁感应强度最大，但两者极性相反，从N到S磁感应强度呈正弦波变化。

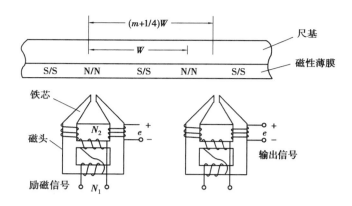

图 7.23　磁栅传感器结构

磁栅分为长磁栅和圆磁栅两类,前者用于测量直线位移,后者用于测量角位移。长磁栅又可分为尺形、带形和同轴形三种,一般使用尺形磁栅。当安装面不好安排时,可采用带形磁栅。同轴形磁栅传感器结构特别小巧,可用于结构紧凑的场合。

磁头可分为动态磁头(又称速度响应式磁头)和静态磁头(又称磁通响应式磁头)两大类。动态磁头在磁头与磁栅间有相对运动时,才有信号输出,故不适用于速度不均匀、时走时停的机床;静态磁头在磁头与磁栅间没有相对运动时也有信号输出,因此磁栅传感器常用静态磁头。

2)磁栅传感器的工作原理

磁栅传感器是利用磁栅的漏磁通变化来产生感应电动势的。

以静态磁头为例,静态磁头的结构如图 7.23 所示,它有两个绕组,N_1 为励磁绕组,N_2 为感应输出绕组。

在静态磁头励磁绕组中通过交流励磁电流,使磁芯的可饱和部分(截面较小)在每周内两次被电流产生的磁场饱和,这时磁芯的磁阻很大,磁栅上的漏磁通不能由磁芯流过输出绕组而产生感应电动势。只有在励磁电流每周再次过零时,可饱和磁芯不被饱和时,磁栅上的漏磁通才能流过输出绕组的磁芯而产生感应电动势,其频率为励磁电流频率的两倍,输出电压的幅值与进入磁芯漏磁通的大小成正比。

磁头输出的感应电动势信号经检波,保留其基波成分,可用式(7.11)表示:

$$e = e_m \cos \frac{2\pi x}{W} \sin \omega t \qquad (7.11)$$

式中,e_m 为感应电动势的幅值;W 为磁栅信号的节距;ω 为输出绕组感应电动势的频率;x 为机械位移量。

由式(7.11)可知,磁头输出信号的幅值是位移 x 的函数。为了辨别方向,采用两只相距 $(m + 1/4)W(m$ 为整数)的磁头,它们的输出电压分别为

$$e_1 = e_m \cos \frac{2\pi x}{W} \sin \omega t \qquad (7.12)$$

$$e_2 = e_m \sin \frac{2\pi x}{W} \sin \omega t \qquad (7.13)$$

为了保证距离的准确性,通常两个磁头做成一体,两个磁头输出信号的载频相位差为

90°,经鉴相或鉴幅信号处理,并经细分、辨向、可逆计数后显示位移的大小和方向。

3)信号处理方式

磁栅传感器的信号处理方式有鉴相型和鉴幅型两种,以鉴相型应用较多。

鉴相处理方式就是利用输出信号的相位大小来反映磁头的位移量与磁栅的相对位置。将第 2 个磁头的电压读出信号相移 90°,两磁头的输出信号则变为

$$e'_1 = e_m \cos \frac{2\pi x}{W} \sin \omega t \tag{7.14}$$

$$e'_2 = e_m \sin \frac{2\pi x}{W} \sin \omega t \tag{7.15}$$

将两路输出用求和电路相加,则获得总输出为

$$e = e_m \sin \left(\omega t + \frac{2\pi x}{W} \right) \tag{7.16}$$

由式(7.16)可知,合成输出电压 e 的幅值恒定,而相位随磁头与磁栅的相对位置 x 变化而改变。该输出电压信号经带通滤波、整形、鉴相细分电路后产生脉冲信号,由可逆计数器计数,由显示器显示相应的位移量。

4)磁栅数显装置

把磁栅传感器作为位置检测元件再配上数显表所构成的数字位置测量系统是磁栅应用最广泛的一种方式,见图 7.24。它可以防止水、油、灰尘和切屑,适用于工厂工作环境恶劣的情况,耐灰尘、耐磨损、耐冲击、抗振动、抗磁场干扰、使用寿命极长,大大提高了机床的加工精度和使用寿命。

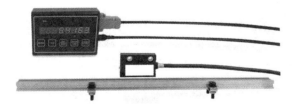

图 7.24　磁栅数显装置外形

思考与练习

(1)按照工作原理划分,角编码器一般有哪两种类型? 各自有何特点?

(2)简述增量式光电编码器的工作原理。

(3)光栅传感器由哪几个部分组成? 各有什么作用?

(4)简述辨向原理和细分技术。

(5)简述感应同步器的工作原理。

(6)数字式传感器的特点是什么?

项目 $\boldsymbol{8}$

其他类型的传感器

【项目描述】随着传感器技术的迅猛发展,对信息测量准确度的要求越来越高,测量的难度也越来越大,进而对传感器技术提出了更多更高更新的要求,因此多种传感器应运而生,如霍尔传感器、压电传感器、超声波传感器、光纤传感器、生物传感器、智能传感器、图像传感器等。本项目主要介绍霍尔传感器、压电传感器、超声波传感器、光纤传感器和红外传感器。

【学习目标】掌握霍尔传感器的工作原理与特性,熟悉霍尔传感器件;了解压电加速度传感器、压电压力传感器的组成与工作原理;掌握压电传感器的工作原理,了解压电元件的材料性能及温度误差补偿方法;熟悉超声波传感器、光纤传感器和红外传感器的应用。

【技能目标】掌握压电加速度传感器的结构、测速方法;掌握压电压力传感器的结构、测压方法;掌握霍尔开关集成传感器的结构、外电路组成以及工作原理;掌握霍尔线性集成传感器的结构、外电路组成和工作原理;掌握超声波传感器的应用原理;掌握光纤的基本概念;掌握红外传感器的工作原理。

任务 8.1　霍尔传感器

【活动情景】中国人早在一千多年前就发明了指南针,可用于指示地球磁场的方向,但指南针却无法指示出磁场的强弱,这成了磁场检测的一个难题。

1879 年,人们在金属中发现了霍尔效应,但是由于这种效应在金属中非常微弱,当时并没有引起重视。随着半导体技术的迅速发展,人们找到了霍尔效应比较显著的半导体材料,并制成了相应的霍尔元件,才使得霍尔传感器在检测微位移、大电流、微弱磁场等方面得到广泛的应用。

【任务要求】掌握霍尔传感器的工作原理、结构特点、主要参数指标以及一些常用的霍尔传感器。

【基本活动】

8.1.1　霍尔传感器的工作原理

霍尔传感器是根据霍尔效应制成的一种磁电转换器件。

霍尔效应是磁电效应的一种,这一现象是霍尔(A. H. Hall,1855～1938 年)于 1879 年在研究金属的导电机构时发现的。后来发现半导体、导电流体等也有这种效应,而半导体的霍尔效应比金属强得多,利用这现象制成的各种霍尔元件,广泛地应用用于工业自动化技术、检测技术及信息处理等方面。霍尔效应是研究半导体材料性能的基本方法。通过霍尔效应实验测定的霍尔系数,能够判断半导体材料的导电类型、载流子浓度及载流子迁移率等重要参数。

霍尔效应的原理如图 8.1 所示。

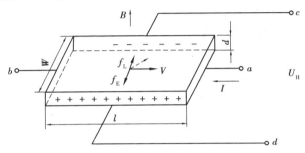

图 8.1　霍尔效应原理图

置于磁场中的导体或半导体内通入电流,若电流与磁场垂直,则在与磁场和电流都垂直的方向上会出现一个电动势差,这种现象称为霍尔效应。如图所示,长、宽、高分别为 l、w、d 的 N 型半导体薄片的相对两侧 a、b 通以控制电流,在薄片垂直方向加以磁场 B。在图示方向磁场的作用下,电子将受到一个由 c 侧指向 d 侧方向的力,这个力就是洛仑兹力,大小为

$$F = qvB \tag{8.1}$$

c、d 两端面因电荷积累而建立了一个电场 E_H,称为霍尔电场。该电场对电子的作用力与洛仑兹力的方向相反,即阻止电荷的继续积累。当电场力与洛仑兹力相等时,达到动态平衡,这时有

$$qE_H = qvB \tag{8.2}$$

霍尔电场的强度为

$$E_H = vB \tag{8.3}$$

在 c 与 d 两侧面之间建立的电动势差称为霍尔电压,其大小为

$$U_H = \frac{R_H IB}{d} \tag{8.4}$$

式中,R_H 为霍尔常数,反映材料霍尔效应的强弱,m^3/C;I 为控制电流,A;B 为磁感应强度,T;d 为霍尔元件的厚度,m。

设

$$K_H = \frac{R_H}{d}$$

K_H 为霍尔灵敏度,它表示一个霍尔元件在单位控制电流和单位磁感应强度时产生的霍尔电压的大小。则

$$U_H = K_H I B \tag{8.5}$$

综上所述：

①霍尔电压 U_H 大小与材料的性质有关。

②霍尔电压 U_H 与元件的尺寸有关。

③霍尔电压 U_H 大小与控制电流及磁场强度有关。

8.1.2　霍尔传感器的结构特点

霍尔元件一般采用 N 型锗、锑化铟和砷化铟等半导体单晶材料制成,其中砷化铟为霍尔元件的常用材料。霍尔元件由霍尔片、引线和壳体组成。霍尔元件是一块矩形半导体薄片,在长边的两端面上焊上两根控制电流端引线,在元件短边中间以点的形式焊上两根霍尔输出端引线,一般用非磁性金属陶瓷或环氧树脂封装。其符号图形和外形如图 8.2 所示。

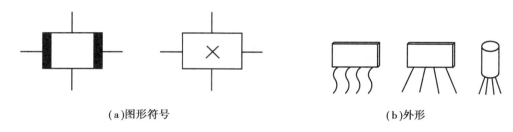

(a)图形符号　　　　　　　　　　　　(b)外形

图 8.2　霍尔元件图形符号和外形

8.1.3　霍尔元件的主要技术参数

①输入电阻 R_{IN} 和输出电阻 R_{OUT}。输入电阻 R_{IN} 为电流激励端的直流电阻,数十至数百欧姆,由霍尔元件的材料而定,其值随温度升高而减小,使输入电流增大,从而影响霍尔电动势,故霍尔元件最好采用恒流激励;输出电阻 R_{OUT} 为输出端的等效直流电阻,大小与输入电阻同数量级,也随温度变化,为减小温度对实际输出的霍尔电动势的影响,应有适当的负载电阻。

②额定控制电流 I_c。霍尔元件在空气中产生的温升为 10 ℃的激励电流,激励电流越大,霍尔电动势越高,最大激励电流受元件温升允许值限制。

③不等位电动势 U_0,即未加磁场时的输出电压,一般小于1mV。霍尔元件制作时由于四个电极板的几何尺寸不可能完全对称,元件材料电阻率不均匀,基片宽度厚度不一致等造成在 ab 端输入额定激励电流时,即使未加磁场,其输出端 cd 也有不等于零的电动势,该电动势称为不等位电动势。

④最大磁感应强度 T。额定激励电流下,磁感应强度越大,霍尔电动势越大,但其非线性也越大,非线性误差在允许范围内的最大值。

⑤霍尔电压的温度特性。在一定磁场强度和激励电流下,温度每变化 1 ℃时霍尔电动势相对变化的百分数。

8.1.4　霍尔零件的误差分析

霍尔传感器的输入——输出简单,且线性好,但是影响性能的因素及造成误差的原因很多,主要有下几个方面。

（1）不等位电动势及其补偿

霍尔元件的零位误差包括不等位电动势、寄生直流电动势和感应零电动势,其中不等位电动势 U_0 是最主要的零位误差。

要降低 U_0 除了在工艺上采取措施以外,还需采用补偿电路加以补偿。

对霍尔元件的不等位电动势的几种补偿电路如图 8.3 所示,图 8.3(a)、(e)、(f)是不对称补偿电路,这种电路结构简单易调整,但工作温度变化后原补偿关系遭到破坏;图 8.3（b）、(c)、(d)是对称电路,因而在温度变化时补偿的稳定性要好些,但这种电路减小了霍尔元件的输入电阻,增大了输入功率,降低了霍尔电动势的输出。

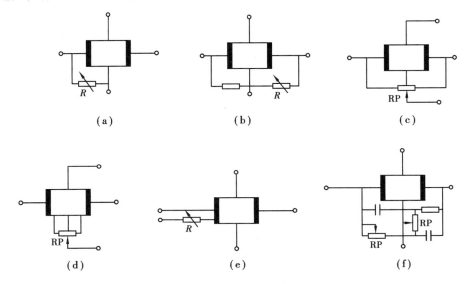

图 8.3 不等位电动势的几种补偿电路如图

（2）温度误差及其补偿

采用恒流源提供恒定的控制电流可以减小温度误差,但元件的灵敏度 K_H 也是温度的系数,对于具有正温度系数的霍尔元件,可在元件控制极并联分流电阻 R_0 来提高 U_H 的温度稳定性,如图 8.4 所示。

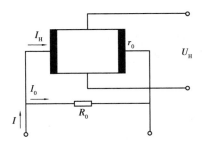

图 8.4 温度补偿电路

当温度增加时,霍尔元件内阻迅速增加,所以通过元件的电流减少,而通过补偿电阻 R_0 的电流增加。这样利用元件内阻的温度特性和一个补偿电阻,就能自动调节通过霍尔元件的电流大小,起到补偿作用。

（3）寄生直流电动势

由于霍尔元件的电极可能做到完全欧姆接触，在控制电流极和霍尔电动势极上都可能出现整流效应。因此，当元件通以交流控制电流时，它的输出除了交流不等位电动势外，还有一直流电动势分量，这电动势就称为寄生直流电动势。寄生直流电动势与工作电流有关，随工作电流减小而减小。

另外，直流电动势的原因是霍尔电动势极的焊点不一致，因而热容量不一致产生了温差。因此，一般在元件制作和安装时，应尽量改善电极的欧姆接触性能和元件的散热条件。

（4）感应电动势

霍尔元件在交变磁场中工作时，即使不加控制电流，由于霍尔电动势极引线布置不合理，在输出回路中也会产生附加感应电动势，其大小正比于磁场变化莫测的频率和磁感应强度的幅值，并与霍尔电动势极引线构成的感应面积成正比。如图8.5所示。

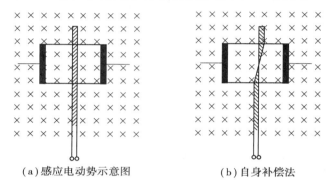

（a）感应电动势示意图　　　　　　（b）自身补偿法

图8.5　感应电动势及其补偿

为减小感应电动势所产生的零位误差，除了合理布线外[图8.5（b）]，还可以在磁路气隙中安置另一个相同特性的辅助霍尔元件，起到补偿作用。

【技能训练】通过霍尔传感器的应用实例，掌握霍尔传感器的用途。

（1）电梯智能称重变送装置

电梯智能称重变送装置，以霍尔线性集成传感器为信息采集端，进行实时监控电梯的负载。

霍尔线性集成传感器一般由霍尔元件和放大器组成，如图8.6所示，其输出电压与外加磁场强度呈线性比例关系。当外加磁场时，霍尔元件产生与磁场呈线性关系变化的霍尔电压，经放大器放大后输出。霍尔线性集成传感器有单端输出型和双端输出型两种，典型产品分别为SL3501T和SL3501M两种。

霍尔线性集成传感器常用于位置、力、重量、厚度、速度、磁场、电流等的测量和控制。

霍尔传感器在应用于电梯称重变送装置时，将霍尔传感器的整个变送装置固定在活络轿厢的底部，并在轿厢底部放置一块永久磁体。当人进入轿厢内时，轿厢底部因受重而产生形变，磁体和霍尔传感器之间产生位移，引起霍尔传感器感应的磁场磁通量变化，从而产生相应的线性电压输出，进而获得载重、位移与电压的对应关系。输出的电压经过差分放大得出需要采集的量。如果轿厢底部的橡胶的压缩位移为3~10 mm，称重变送装置可对5 kg的载荷变化量做出反应。称重变送装置示意图如图8.7所示。

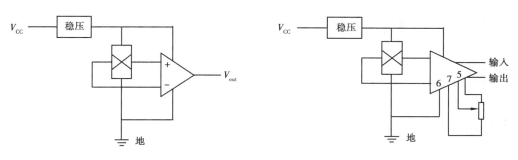

（a）单端输出型传感器的电路结构图　　　　（b）双端输出型传感器的电路结构图

图 8.6　霍尔线性集成传感器

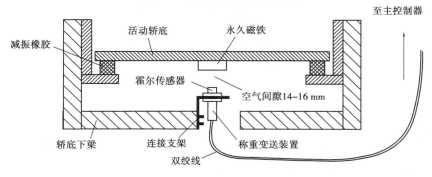

图 8.7　称重变送装置示意图

实验表明：霍尔传感器与永久磁体间的距离对传感器的灵敏度、线性度与量程都有很大影响，若霍尔传感器与永久磁体距离很近，则该处的磁场强度很大，传感器容易饱和，线性度差，量程小；若霍尔传感器与永久磁体距离太远，则磁场很弱，霍尔传感器感应不到磁场，灵敏度降低，因此称重变送装置安装时必须确定永久磁体与称重变送装置间的最佳距离。

在实际应用中，电梯空载时保持称重变送装置与磁体间距在 19～22 mm 最为理想。为了使安装满足上述要求，利用 CPU 控制双色发光二极管作为提示灯，当称重变送装置与永久磁体间的距离到达最佳距离的误差范围（±0.1 mm）内时，提示灯交替闪烁，此时固定称重变送装置，完成安装。

实际安装中需要注意的是，应尽可能将变送装置安装在靠近轿底中心部位，并将其安装在电梯轿底承重梁上，感应磁体吸附在活动轿底，且标志正对传感器感应点，并使轿底磁体对准传感器上端面中心点，同时必须保证本装置上端面与磁体端面相互平行。实际调试时，由于永久磁体所固定的活动轿底为导磁材料，磁体吸附在其表面后，磁感应强度会有所增强，所以一切数据应以现场测试所得为准。

（2）霍尔转速传感器

电控柴油机中，转速不仅仅是发动机的一个简单的工作参数，而且是电子控制系统其他参数计算的依据和控制喷射正确时的基准，转速信号是通过转速传感器测量而得的，如果传感器不能稳定地工作，电控系统也就无法正确地控制发动机正常工作。所以，传感器的性能直接关系到电控系统的性能。

霍尔转速传感器是集成开关元件，能感知一切与磁信息有关的物理量，并以开关信号形式输出，具有无触点、长寿命、高可靠性、无火花、无自激振荡、温度性能好、抗污染能力强、构造简单、坚固、体积小、耐冲击等优点。但是由于存在电磁噪声干扰,必须对信号进行滤波和整形,提高采集准确度和抗干扰能力。

当有磁场作用在霍尔开关集成传感器上时,霍尔元件输出霍尔电压 U_H,一次磁场强度变化,使传感器完成一次开关动作。

霍尔开关集成传感器的内部框图如图 8.8 所示,它常用于点火系统、保安系统、转速测量、里程测量、机械设备限位开关、按钮开关、电流的测量和控制、位置及角度的检测等。

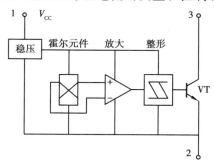

图 8.8　霍尔开关集成传感器内部框图

速度检测装置中的霍尔转速传感器为控制单元运算和控制提供转速和基准信号。发动机的转速传感器信号盘安装在曲轴上,工作时传感器输出信号经整形后可得到相应的方波脉冲信号。利用 M68HCll 单片机的输入捕捉功能,可得到相邻的两个上升沿的时间差,即可算出当前转速 n。其检测装置如图 8.9 所示。

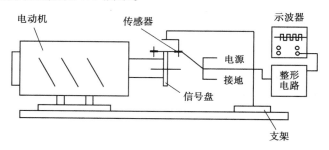

图 8.9　霍尔传感器检测装置

任务 8.2　压电传感器

【活动情景】压电传感器由压电传感元件和测量电路组成,是一种典型的自发电式传感器。压电传感器以压电效应为基础,通过测量转换电路,实现测量非电量的目的。

压电传感器的敏感元件属于力敏元件,可以测量应力、压力、振动、加速度等物理量。根据压电效应的可逆性,也可做超声波的发射与接收装置。

【任务要求】了解压电传感器的工作原理,熟悉压电传感器的应用。

【基本活动】

8.2.1　压电效应

某些晶体,受一定方向外力作用而发生机械变形时,相应地在一定的晶体表面产生符号相反的电荷,外力去掉后,电荷消失;力的方向改变时,电荷的符号也随之改变。这种现象称为压电效应或正压电效应。

当晶体带电或处于电场中时,晶体的体积将产生伸长或缩短的变化。这种现象称为电致伸缩效应或逆压电效应。

以压电效应为基础制作的传感器,又称为发电式传感器、双向传感器和有源传感器。

8.2.2　典型的压电材料

（1）石英晶体

天然结构的石英晶体为单晶体结构,有天然和人工培养两种。石英晶体具有稳定性好、自振频率高、动态响应好、线性范围宽、机械强度高等优点;但其灵敏度低、介电常数小。

石英晶体为正六棱柱状,在晶体力学中可用三根相互垂直的轴表示方向。其中纵轴称为光轴,记作 z 轴;经过棱线并垂直于光轴的轴称为电轴,记作 x 轴;与光轴和电轴同时垂直的轴称为机械轴,记作 y 轴。如图 8.10 所示,为其外形及切片图。

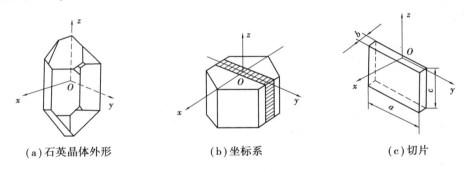

|（a）石英晶体外形|（b）坐标系|（c）切片|

图 8.10　石英晶体

沿电轴 x 轴方向的力作用下产生电荷的压电效应称为"纵向压电效应";沿机械轴 y 轴方向的力作用下产生的压电效应称为"横向压力效应";沿光轴 z 轴方向的力作用时不产生压电效应。

如图 8.10（c）为沿轴线切下的一片平行六面体,称为压电晶体切片。当晶片在沿 x 轴的方向上受到压缩应力 f_x 作用时,晶片将产生厚度变形,并发生极化现象。在晶体的线性弹性范围内,电荷出现在与 x 轴垂直的平面上,其电荷量大小为

$$Q_x = d_{11} f_x \tag{8.6}$$

如果沿 y 轴方向作用力 f_x 时,电荷仍出现在与 x 轴垂直的平面上,其电荷量为

$$Q_y = d_{12} \cdot \frac{a}{b} \cdot f_y = -d_{11} \cdot \frac{a}{b} \cdot f_y \tag{8.7}$$

电荷的极性如图 8.11 所示。

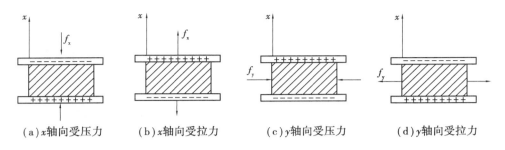

(a) x轴向受压力　　(b) x轴向受拉力　　(c) y轴向受压力　　(d) y轴向受拉力

图 8.11　电荷极性与受力方向的关系

（2）压电陶瓷

压电陶瓷是人工制造的多晶体压电材料。材料内部的晶粒有许多自发极化的电畴，它有一定的极化方向，从而存在电场。在无外电场作用时，电畴在晶体中杂乱分布，它们各自的极化效应被相互抵消，压电陶瓷内极化强度为零。因此原始的压电陶瓷呈中性，不具有压电性质。

在陶瓷上施加外电场时，电畴的极化方向发生转动，趋向于按外电场方向的排列，从而使材料得到极化。外电场愈强，就有更多的电畴更完全地转向外电场方向。让外电场强度大到使材料的极化达到饱和的程度，即所有电畴极化方向都整齐地与外电场方向一致时，当外电场去掉后，电畴的极化方向基本不变化，即剩余极化强度很大，这时的材料才具有压电特性。压电陶瓷的内部结构如图 8.12 所示。

(a) 未极化　　　　　　　　　　　　(b) 已极化

图 8.12　压电陶瓷

极化处理后陶瓷材料内部存在有很强的剩余极化，当陶瓷材料受到外力作用时，电畴的界限发生移动，电畴发生偏转，从而引起剩余极化强度的变化，因而在垂直于极化方向的平面上将出现极化电荷的变化。这种因受力而产生的由机械效应转变为电效应，将机械能转变为电能的现象，就是压电陶瓷的正压电效应。电荷量的大小与外力成如下的正比关系

$$Q = d_{33}F \tag{8.8}$$

压电陶瓷的压电系数比石英晶体的大得多，所以采用压电陶瓷制作的压电式传感器的灵敏度较高。极化处理后的压电陶瓷材料的剩余极化强度和特性与温度有关，它的参数也随时间变化，从而使其压电特性减弱。

最早使用的压电陶瓷材料是钛酸钡（$BaTiO_3$）。它的压电系数约为石英的 50 倍，但居里温度只有 115 ℃，使用温度不超过 70 ℃，温度稳定性和机械强度都不如石英。

目前使用较多的压电陶瓷材料是锆钛酸铅（PZT）系列，它是钛酸铅（$PbTiO_2$）和锆酸铅（$PbZrO_3$）组成的 $[Pb(ZrTi)O_3]$。居里点在 300 ℃ 以上，性能稳定，有较高的介电常数和压电系数。

（3）压电高分子材料

高分子材料属于有机分子半结晶或结晶聚合物，其压电效应较复杂，不仅要考虑晶格中均匀的内应变对压电效应的贡献，还要考虑高分子材料中作非均匀内应变所产生的各种高次效应以及同整个体系平均变形无关的电荷位移而表现出来的压电特性。

目前已发现的压电系数最高、且已进行应用开发的压电高分子材料是聚偏氟乙烯（PVF_2 或 PVDF）。另外高分子压电材料还有聚氟乙烯（PVF）、改性聚氯乙烯（PVC）等。高分子材料具有柔软性、防水性、测量动态范围宽、频响范围大、不易破碎等优点；但机械强度不高、易老化；因此常用于测量精度不高的场合，如水声测量、防盗、振动测量等方面。

8.2.3　压电元件的结构形式

单片压电元件产生的电荷量甚微，为了提高压电传感器的输出灵敏度，在实际应用中常采用两片（或两片以上）同型号的压电元件黏结在一起。

从作用力看，元件是串接的，因而每片受到的作用力相同，产生的变形和电荷数量大小都与单片时相同。

压电元件按连接方式分为同极性连接和不同极性连接，如图 8.13 所示。

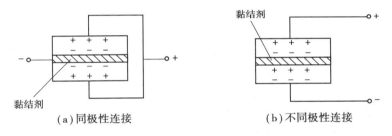

（a）同极性连接　　　　　　（b）不同极性连接

图 8.13　压电元件的连接方式

8.2.4　压电传感器的等效电路

由压电传感器的压电效应可知，压电元件相当于一个电荷发生器；同时，它又相当于一个以压电材料为绝缘介质的电容器，其电容值为

$$C_a = \frac{\varepsilon_r \varepsilon_0 S}{b}$$

式中，S 为压电片的面积，m^2；b 为压电片的厚度，m；ε_r 为压电材料相对介电常数；ε_0 为真空介电常数，F/m。

因此压电元件可等效为一个与电容并联的电荷源，如图 8.14 所示。图 8.14（a）所示电路是并联接法，类似两个电容的并联。所以，外力作用下正负电极上的电荷量增加了 1 倍，电容量也增加了 1 倍，输出电压与单片时相同。

图 8.14（b）电路是串联接法，两压电片中间粘接处正负电荷中和，上、下极板的电荷量与单片时相同，总电容量为单片的一半，输出电压增大了 1 倍。

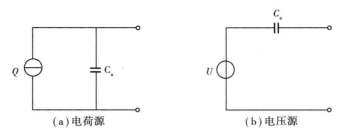

(a)电荷源   (b)电压源

图 8.14　压电传感器的等效电路

如果压电元件与测量电路相连接,就得考虑连接电缆的分布电容 C_c、放大器的输入电阻 R_i、输入电容 C_i 及压电元件的泄漏电阻 R_a,则其等效电路如图 8.15 所示。

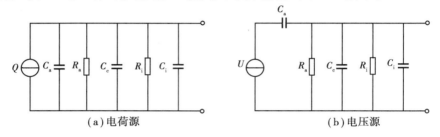

(a)电荷源   (b)电压源

图 8.15　与测量电路相连时压电传感器的等效电路

【技能训练】由于压电传感器是自发电式传感器,压电元件受外力作用产生的电荷只有在交变力的作用下才能使压电元件上的电荷不断得到补充,因此压电传感器不适合静态力的测量,只能用于脉冲力、冲击力、振动加速度等动态力的测量。

压电材料不同,则特性不同,因此用途也不同。压电晶体主要用于实验室基准传感器;压电陶瓷价格便宜、灵敏度高,机械强度好,常用于测量力和振动;高分子压电传感器多用于定性测量。

(1)压电加速度传感器

压电加速度传感器是一种常用的加速度计。因其固有频率高、高频响应好,如配以电荷放大器,低频特性也很好。压电加速度传感器具有体积小、重量轻的优点,但要经常校正灵敏度。

图 8.16 所示是一种压电加速度传感器的结构原理图,图中压电元件由两片压电片组成,采用并联接法,一根引线接至两压电片中间的金属片,另一端直接与基座相连。压电片通常采用压电陶瓷制成。压电片上放一块重金属制成的质量块,用一弹簧压紧,对压电元件施加预负载。整个组件装在一个有厚基座的金属壳体中,壳体和基座约占整个传感器的一半。

测量时通过基座底部的螺孔将传感器与试件刚性地固定在一起,传感器受与试件相同频率的振动。由于弹簧的刚度很大,因此质量块就有一些正比于加速度的交变力作用在压电片上。由于压电效应在压电片两个表面上就有电荷产生。传感器的输出电荷(或电压)与作用力成正比。这种结构谐振频率高,频率响应范围宽,灵敏度高,而且结构中的敏感元件(弹簧、质量块和压电片)不与外壳直接接触,受环境的影响小,是目前应用较多的结构形式之一。

(2)压电压力传感器

压电压力传感器主要用于发动机内部燃烧压力的测量与真空度的测量,可用来测量各种力。

如图 8.17 所示,其压电元件是由一对石英晶片或数片石英晶片叠堆成的。拉紧的薄壁圆筒对晶片施加预载力,感受外部压力的器件是具有弹性的薄膜片,薄壁圆筒外的空腔与冷却系统相连,以保证传感器工作在一定的温度条件下而避免因温度变化造成的预载力变化而引起的误差。

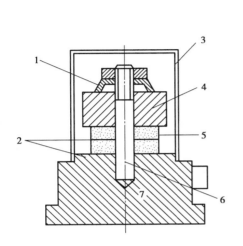

图 8.16 压电式加速度传感器结构
1—弹簧;2—输出端;3—壳体;
4—质量块;5—压电片;6—螺栓;7—基座

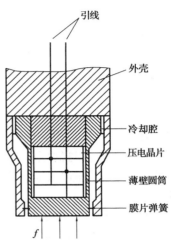

图 8.17 压电压力传感器

（3）压电式报警系统

报警系统是目前各建筑、区域不可或缺的组成部分。压电式报警系统利用高分子材料的柔软性、防水性、测量动态范围宽、频响范围大、不易破碎等特性而制成的。如图 8.18 所示,在警戒地区的周围敷设多根高分子压电电缆,当入侵者踩到电缆上的柔性地面时,该压电电缆受到挤压,产生压电脉冲而报警。由于压电电缆埋设在地下,因而较隐蔽,不易受光、电、雾、雨水等侵蚀。

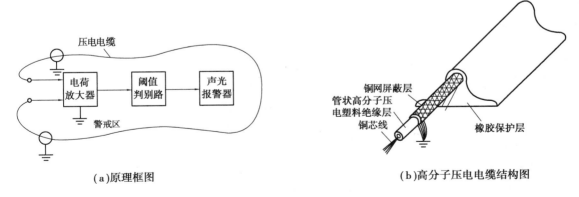

（a）原理框图   （b）高分子压电电缆结构图

图 8.18 高分子压电电缆周界报警系统

任务8.3 超声波传感器

【活动情景】超声波传感器是将声信号转换成电信号的声电转换装置,习惯上又称为超声波转换器或超声波探头,它是利用超声波产生、传播及接收的物理特性工作的。超声波传感器已经广泛应用于超声清洗、超生加工、超声检测、超声医疗等多个方面。

【任务要求】了解各种超声波传感器的应用领域。

【基本活动】

超声波探头按其工作原理可分为压电式、磁致伸缩式、电磁式等,其中以压电式最为常用。

压电式超声波探头常用的材料是压电晶体和压电陶瓷,这种传感器统称为压电式超声波探头。它是利用压电器材的压电效应来工作的:正压电效应是将超声振动波转换成电信号,可作为接收探头;而逆压电效应将高频电振动转换成高频机械振动,从而产生超声波,可作为发射探头。

超声波探头的结构如图8.19所示。它主要由压电晶片、吸收快(阻尼块)、保护膜、引线等组成。压电晶片多为圆柱形,厚度为δ。超声波频率f与其厚度δ成反比。压电晶片的两面镀有银层,作为导电的极板。

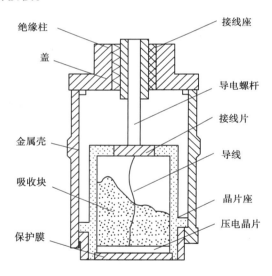

图8.19 压电式超声波探头的结构

阻尼块的作用是降低晶片的机械品质,吸收超声能量。如果没有阻尼块,当激励的电脉冲信号停止时,晶片将会继续振荡,加长超声波的脉冲宽度,使分辨率变差。

目前在金属、复合材料和焊接结构中应用最为重要、最为广泛的无损检测方式就是超声波探伤。利用超声波可以检测出复合材料结构中的分层、脱粘、气孔、裂缝、冲击损伤和焊接结构中的未焊接、夹杂、裂纹、气孔等缺陷。

【技能训练】超声波传感器的应用十分广泛,例如,超声波探伤,测距、测厚、物位检测、流量检测、检漏及医学诊断(超声波CT)等。

（1）超声波探伤

超声波探伤是利用超声波在物理介质（如被检测材料或结构）中传播时，通过被检测材料或结构内部存在缺陷处时超声波会产生折射、反射、散射或剧烈衰减等表现；分析这些表现特性，就可以建立缺陷与超声波的强度、相位、频率、传播时间、衰减等特性之间的相互关系。由于超声波的传播特性与被检测材料或结构有着密切关系，因而通常需要根据被检测对象选择相应的超声波检测方法。

（2）超声波物位传感器

超声波物位传感器是利用超声波在两种介质的分界面上的反射特性而制成的。如果从发射超声脉冲开始，到接收换能器接收到反射波为止的这个时间间隔为已知，则可以求出分界面的位置，利用这种方法可以对物位进行测量。

根据发射和接收换能器的功能，超声波传感器又可分为单换能器和双换能器。图 8.20 给出了几种超声波物位传感器的结构原理示意图。

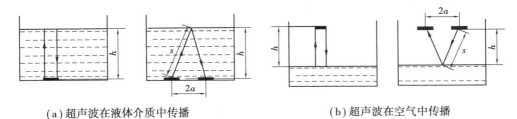

（a）超声波在液体介质中传播　　　　　　（b）超声波在空气中传播

图 8.20　几种超声波物位传感器的结构原理示意图

超声波发射和接收转换器可能设置在液体介质中，让超声波在液体介质中传播，如图 8.20（a）所示。由于超声波在液体中衰减比较小，所以，即将发射的超生脉冲幅度较小也可以传播。超声波发射和接收换能器也可以安装在液面的上方，让超声波在空气中传播，如图 8.20（b）所示。这种方式便于安装和维修，但超声波在空气中的衰减比较厉害。

对于单位换能器来说，超声波从发射器到液面，又从液面反射到换能器的时间 t 为

$$t = \frac{2h}{c} \tag{8.9}$$

则

$$t = \frac{ct}{2} \tag{8.10}$$

式中，h 为换能器距液面的距离；c 为超声波在介质中传播速度。

对于如图 8.20 所示的双换能器，超声波从发射到接收经过的路程为 $2s$，而 $s = \frac{ct}{2}$，因此，液位到换能器的高度 h 为

$$h = \sqrt{s^2 - a^2} \tag{8.11}$$

式中，s 为超声波从反射点到换能器的距离；a 为两换能器间距之半。

从以上公式中可以看出，只要测的超声波脉冲从发射到接收的时间间隔，便可以求得待测的物位。

超声波物位传感器具有精度高和使用寿命长等特点。但如液体中有气泡或液面发生波动，便会产生较大的误差。在一般使用条件下，它的测量误差为 $\pm 0.1\%$，检测物位的范围为 $10^{-2} \sim 10^4 \text{m}$。

（3）超声波测厚度

超声波测量金属零件的厚度,具有测量精度高,测试仪器轻便,操作安全简单,易于读数或实行连续自动检测等优点。但是对于超声波衰减很大的材料,以及表面凹凸不平或形状不规则的零件,利用超声波测厚度比较困难。

超声波测量厚度常用脉冲回波法。图 8.21 所示为脉冲回波法检测厚度的工作原理。

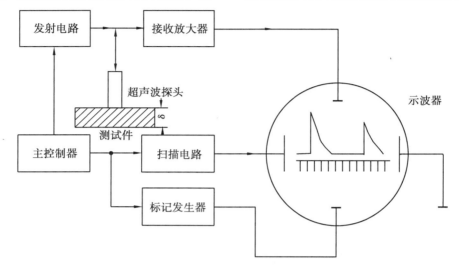

图 8.21　脉冲回波法检测厚度的原理方框图

超声波探头与被测物体表面接触。主要控制器产生一定频率的脉冲信号,送往发射电路,经电流放大后激励压电式探头,以产生重复的超声波脉冲。该脉冲传到被测工件的另一面被反射回来,被同一探头接收。如果超声波在工作中的声速 c 是已知的,设工件厚度为 δ,脉冲波从发射到接收的时间间隔 t 可以测量,从而可求出工件厚度为

$$\delta = \frac{ct}{2} \tag{8.12}$$

为测量时间间隔 t,可用图 8.21 的方法将发射和回波反射脉冲加至示波器垂直偏转板上。标记发生器输出已知时间间隔脉冲,也加在示波器垂直偏转板上。线性扫描电压加在水平偏转板上。这样就可以从显示器上直接观察发射和回波反射脉冲,并求出时间间隔 t。当然也可用稳频晶振产生的时间标准信号来测量时间间隔 t,从而做成厚度数字显示仪表。

任务 8.4　光纤传感器

【活动情景】光纤传感器技术是伴随着光导纤维(光纤)和光纤通讯技术发展而形成的一门新传感技术。光纤传感器与传统的传感器相比具有许多优点,如灵敏度高、电绝缘性能好、结构简单、体积小、重量轻、不受电磁干扰、光路可弯曲、便于实现遥测、耐腐蚀、耐高温等,可广泛用于位移、速度、加速度、压力、温度、液位、流量、水声、电流、磁场、放射性射线等物理量的测量。光纤传感器技术发展极为迅速,在制造业、军事、航天、航空、航海和其他科学技术研究中都有着广泛的应用。

【任务要求】了解光纤的结构及分类,熟悉光纤传感器的应用。

【基本活动】

8.4.1   光的全反射

当一束光线以一定的入射角 θ_1 从介质1射到介质2的分界面上时,一部分能量反射回原介质;另一部分能量则透射过分界面,在另一介质内继续传播,称为折射光,如图 8.22(a)所示。反射光与折射光之间的相对比例取决于两种介质的折射率 n_1 和 n_2 的比例。

当 $n_1 > n_2$ 时,若减小 θ_1,则进入介质2的折射光与分界面的夹角 θ_2 也将相应减小,折射光束将趋向界面。当入射角进一步减小时,将导致 $\theta_2 = 0°$,则折射波只能在介质分界面上传播,如图 8.22(b)所示。对 $\theta_2 = 0°$ 的极限值时的 θ_1 角,定义为临界角 θ_c。当 $\theta_1 < \theta_c$ 时,入射光线将发生全反射,能量不再进入介质2,如图 8.22(c)所示。光纤就是利用全反射的原理来高效地传输光信号。

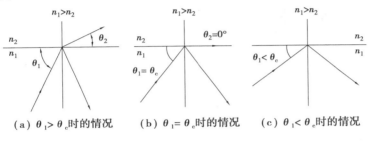

(a)$\theta_1 > \theta_c$ 时的情况   (b)$\theta_1 = \theta_c$ 时的情况   (c)$\theta_1 < \theta_c$ 时的情况

图 8.22   光线在两种介质面的反射与折射

8.4.2   光纤的结构及分类

(1)结构

光纤是用比头发丝还细的石英玻璃丝制成的。目前实用的光纤绝大多数采用由纤芯、包层和外护套三个同心圆组成的结构形式,如图 8.23 所示。纤芯的折射率大于包层的折射率,这样,光线就能在纤芯中进行全反射,从而实现光的传导;外护套处于光纤的最外层,它有两个功能:一是加强光纤的机械强度;二是保证外面的光不能进入光纤之中。图中所示的结构还有缓冲层和加强层,以进一步保护纤芯和包层。

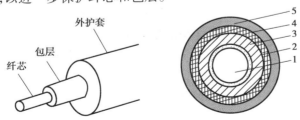

图 8.23   光纤的结构

1 – 纤芯;2 – 包层;3 – 缓冲层;4 – 加强层;5 – PVC 外套

(2)分类

光纤按其折射情况可分为三种。纤芯的直径和折射率决定光纤的传输特性,图 8.24 所示为三种不同光纤的纤芯直径和折射率对光传播的影响。

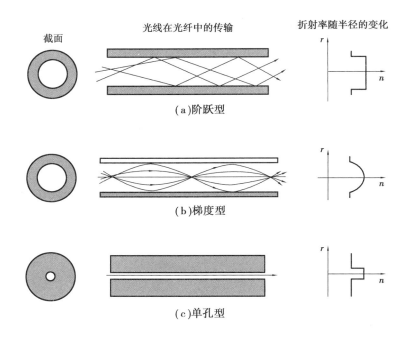

图 8.24 光纤类型及全反射形式

①阶跃型。阶跃型光纤的折射率各点分布均匀一致。

②梯度型。梯度型光纤的折射率呈聚焦型,即在轴线上折射率最大,离开轴线则逐步降低,至纤芯区的边沿时,降低到与包层区一样。

③单孔型。由于单孔型光纤的纤芯直径较小(数微米)接近于被传输光波的波长,光以电磁场"模"的原理在纤芯中传导,能量损失很小,适宜于远距离传输,又称为单模光纤。

阶跃型和梯度型的纤芯直径约为 100 μm 左右,加塑套后的外径一般小于 1 mm。可在一定的波长(0.85 ~ 1.3 μm)下工作,有多个不同的模式在光纤中传输,所以称为多模光纤,其价格比单模光纤便宜。

(3)光纤的损耗

光信号在光纤中传播,随着传播距离的增长,能量逐渐损耗,信号逐渐减弱,不可能将光信号全部传输到目的地,因而这种传输损耗的大小是评定光纤优劣的重要指标。

光纤的传输损耗原因有 3 个:一是材料的吸收,它将使传输的光能变成热能,造成光能的损失;二是光在光纤中传播产生散射,这是由光纤的材料及其不均匀性,或其几何尺寸的缺陷所引起的;三是弯曲损耗,这是由于光纤边界条件的变化,使光在光纤中无法进行全反射传输,弯曲半径越小,造成的损耗越大。

【技能训练】光纤传感器能够实现的传感物理量十分广泛,能够对许多种外界参量进行测量。其中,对温度、位移方面的测量应用尤为突出,被广泛用于各行各业,有着十分广阔的市场和前景。

(1)光纤液位传感器

光纤液位传感器是利用了强度调制型光纤反射式原理制成的,其工作原理图如图 8.25 所示。LED 发出的红光被聚焦射入到入射光纤中,经在光纤中长距离全反射到达球形端部。一部分光线透出端面;另一部分经端面反射回到出射光纤,被另一根接收光纤末端的光敏二极管接收。

　　液体的折射率比空气大,当球形端面与液体接触时,通过球形端面的光透射量增加而反发射量减少,由后续电路判断反光量是否小于阈值,就可判断传感器是否与液体接触。该液位传感器的缺点是液体在透明球形端面的黏附现象会造成误判;另外,不同液体的折射率不同,对反射光的衰减量也不同。因此,必须根据不同的被测液体调整相应的阈值。

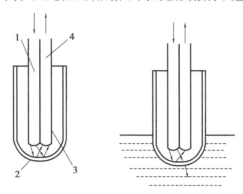

图 8.25　光纤液位传感器
入射光纤;2—透明球形断面;3—包层;4—出射光纤

（2）光纤温度传感器

　　光纤温度传感器是一种适合于远距离防爆场所的环境温度检测的传感器。光纤温度传感器是利用了强度调制型光纤荧光激励式原理制成的,如图 8.26 所示。

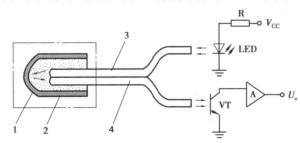

图 8.26　光纤温度传感器
1—感温黑色壳体;2—液晶;3—入射光纤;4—出射光纤

　　LED 将 0.64 μm 的可见光耦合投射到入射光纤中,感温壳体左端的空腔中充满彩色液晶,入射光经液晶散射后耦合到出射光纤中。当被测温度 t 升高时,液晶的颜色变暗,出射光纤得到的光强变弱,经光敏三极管和放大器后得到的输出电压 U_0 与被测温度 t 成某一函数关系。

任务 8.5　红外传感器

　　【活动情景】红外技术是在最近几十年中发展起来的一门新兴技术。它已在科技、国防、工农业生产和医学等领域获得了广泛的应用。

　　红外传感器按其应用领域可分为以下几方面:红外辐射计,用于辐射和光谱辐射测量;搜索和跟踪系统,用于搜索和跟踪红外目标,确定其空间位置,并对它的运动进行跟踪;热成像系统,可产生整个目标红外辐射的分布图像,如红外图像仪、多光谱扫描仪等;红外测距和通信系统;混合系统,是指以上各类系统中的两个或多个的组合。

【任务要求】 了解红外传感器的工作原理,熟悉红外传感器的应用。

【基本活动】

红外辐射俗称红外线,它是一种不可见光,由于它是位于可见光中红色光以外的光线,故称红外线。它的波长范围大致在 $0.76 \sim 1\ 000\ \mu m$,红外线在电磁波谱中的位置如图 8.27 所示。工程上又把红外线所占据的波段分为 4 部分,即近红外、中红外、远红外和极远红外。

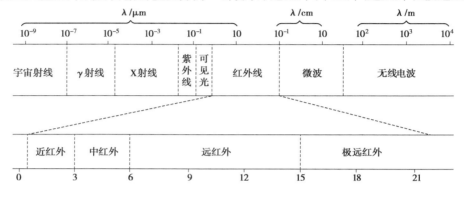

图 8.27　电磁波谱图

红外线的最大特点是具有光热效应,可以辐射热量,它所对应的光谱是光谱中的最大光热效应区。一个炽热物体向外辐射的能量大部分是通过红外线辐射出来的。物体的温度越高,辐射出来的红外线越多,辐射的能量就越强。而且,红外线被物体吸收时,可以显著地转变为热能。

红外辐射和所有电磁波一样,是以波的形式在空间直线传播的。它在大气中传播时,大气层对不同波长的红外线存在不同的吸收带,红外线气体分析器就是利用该特性工作的,空气中对称的双原子气体(如 N_2、O_2、H_2 等)不吸收红外线。而红外线在通过大气层时,有 3 个波段透过率高,分别是 $2 \sim 2.6\ \mu m$、$3 \sim 5\ \mu m$ 和 $8 \sim 14\ \mu m$,统称它们为"大气窗口"。这 3 个波段对红外探测技术特别重要,因为红外探测器一般都工作在这 3 个波段之内。

红外辐射量的变化转换为电量变化的装置称为红外探测器或红外传感器。红外探测器一般由光学系统、探测器、信号调理电路及显示系统等组成。常见的有热探测器和光子探测器两大类。

(1)热探测器

热探测器是利用红外辐射的热效应。探测器的敏感元件吸收辐射能量后引起温度升高,进而使有关物理参数发生相应地变化,通过测量物理参数的变化,便可确定探测器所吸收的红外辐射。

与光子探测器相比,热探测器的探测率比光子探测器的峰值探测率低,响应时间长。但热探测器主要优点是响应波段宽,响应范围可扩展到整个红外区域,可以在室温下工作,使用方便,应用相当广泛。

热探测器的主要类型有热释电型、热敏电阻型、热电偶型和气体型。其中,热释电探测器在热探测器中探测率最高,频率响应最宽,所以这种探测器备受重视,发展很快。下面主要介绍热释电探测器。

热释电探测器是由具有极化现象的热晶体或被称为"铁电体"的材料制作的。"铁电体"的极化强度(单位面积上的电荷)与温度有关。当红外辐射照射到已经极化的铁电体薄片表面上时,引起薄片温度升高,使其极化强度降低,表面电荷减少,这相当于释放了一部分电荷,所以叫做热释电探测器。如果将负载电阻与"铁电体"薄片相连,则负载电阻上便产生一个电信号输出,输出信号的强弱取决于薄片温度变化的快慢,从而反映出入射的红外辐射的强弱。热释电探测器的电压响应率正比于入射光辐射率变化的速率。

（2）光子探测器

光子探测器利用入射红外辐射的光子流与探测器材料中电子的相互作用,改变电子的能量状态,引起各种电学现象,这称为光子效应。通过测量材料电子性质的变化,可以知道红外辐射的强弱。利用光子效应制成的红外探测器,统称光子探测器。光子探测器有内光电和外光电探测器两种。外光电探测器又分为光电导、光生伏特和光磁电探测器 3 种。

光子探测器的主要特点是灵敏度高,响应速度快,具有较高的响应频率,但探测波段较窄,一般需在低温下工作。

【技能训练】红外传感器在现代化的生产实践中发挥着它的巨大作用,尤其是在实现远距离温度监测与控制方面,红外温度传感器以其优异的性能,满足了多方面的要求。

红外辐射测温仪结构原理如图 8.28 所示,由光学系统、调制器、红外传感器、放大器、显示器等部分组成。光学系统是采用透射式的,是根据红外波长的范围而选择的光学材料制成的。调制器是由调制盘、微电机等组成。红外传感器一般为热释电红外传感器,安装时保证其光敏面落在透镜的焦点上。微电机带动调制盘转动,把红外辐射的光信号调制成交变辐射的脉冲光信号。红外传感器是把接收到的交变辐射的信号转换成电信号的器件。放大器根据信号的大小实现自动跟踪放大倍数,从而实现了对远距离小目标进行快速非接触式表面温度的测量。显示器显示被测物体的温度大小。

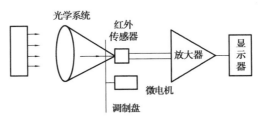

图 8.28　红外辐射测温仪结构原理

项目小结

本项目重点介绍霍尔传感器和压电传感器。

霍尔传感器一般用以测量磁通、电流、位移、压力、流量等物理量。它对磁场敏感,结构简单、体积小、输出电动势变化范围大,无活动部件,使用寿命长,在测试、自动化、信息处理等方面应用广泛。霍尔元件一般采用 N 型锗、锑化铟和砷化铟等半导体单晶体材料制成,目前多采用砷化铟为霍尔元件。霍尔元件输入、输出关系简单,且线性好,影响其性能的因素主要有不等位电动势、寄生直流电动势、感应电动势、温度等,采用一定的补偿方法可起到补偿作用。

压电式传感器一般用以测量动态力、加速度等物理量,是一种典型的电能量传感器。它以压电效应为基础,实现力—电荷的转换。压电传感器具有体积小、重量轻、结构简单、工作可靠等优点,并且具有较强的抗干扰能力,是一种应用广泛的力传感器。目前有石英晶体、压电陶瓷、高分子材料等几种类型。压电传感器有并联和串联两连接方式,其空载时的等效电路可等效为电荷源和电压源。

声波是一种机械波。当它的振动频率在 20 Hz ~ 20 kHz 范围内时,人耳能够感受得到,称为可闻声波。频率低于 20 Hz 的机械振动人耳不能感受得到,称为次声波。频率高于 20 kHz 的机械波称为超声波。超声波有许多不同于可闻声波的特点。比如它的指向性好,能量集中,因而穿透本领大,能穿透几米厚的钢板,而能量损失不大。超声波传感器是将声信号转换成电信号的声电转换装置。超声传感器按其工作原理可分为压电式、磁致伸缩式、电磁式等,其中,以压电式最为常用。超声波传感器的应用十分广泛,例如,超声波探伤,测距、测厚、物位检测、流量检测、检漏及医学诊断(超声波 CT)等。

光纤传感器用于将被测量的信息转变为可测的光信号,其工作原理是将光源入射的光束经由光纤送入调制器,在调制器内与外界被测参数相互作用,使光的光学性质如强度、波长、频率、相位、偏振态等发生变化,成为被调制的光信号,再经过光纤送入光电器件、经解调器后获得被测参数。整个过程中,光束经由光纤导入,通过调制器后再射出,其中光纤的作用首先是传输光束,其次是起到光调制器的作用。

红外传感器是一种能够感应目标辐射的红外线,利用红外线的物理性质来进行测量的传感器。根据探测机理可分成为:热探测器(基于热效应)和光子探测器(基于光电效应)。红外传感器一般由光学系统、探测器、信号调理电路及显示单元等组成,其中探测器是核心。

知识拓展

(1)生物传感器

使用固定化的生物分子结合换能器,用来侦测生物体内或生物体外的环境化学物质或与之起特异性交互作用后产生响应的一种装置。

1)生物传感器的特点

①测定范围广泛。

②生物传感器使用时一般不需要样品的预处理,样品中被测组分的分离和检测同时完成,且测定时一般不需加入其他试剂。

③采用固定化生物活性物质作敏感基元(催化剂),价值昂贵的试剂可以重复多次使用。

④测定过程简单迅速。

⑤准确度和灵敏度高,一般相对误差不超过 1%。

⑥由于它的体积小,可以实现连续在线监测,容易实现自动分析。

⑦专一性强,只对特定的底物起反应,而且不受颜色、浊度的影响。

⑧可进入生物体内。

⑨传感器连同测定仪的成本远低于大型的分析仪器,便于推广普及。

2）生物传感器在检测分析仪器中的应用

①测定水质的 BOD 分析仪,在市场上有以日本和德国为代表的产品。

②采用丝网印刷和微电子技术的手掌型血糖分析器,已形成规模化生产,年销售额约为十亿美元。

③固定化酶传感分析仪,国外以美国的 YSI 公司和德国 BST 公司为代表,都有系列分析仪产品,它们主要用于环境监测和食品分析,国内到目前为止只有山东省科学院生物研究所的系列化产品在市场上得到应用。

④SPR 生物传感器,在日、美、德、瑞典等国得到了开发和初步应用。

3）生物传感器的原理

生物传感器的原理如图 8.29 所示。

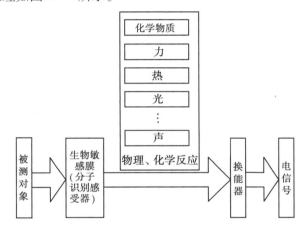

图 8.29　生物传感器的原理图

4）生物传感器的分类

根据分类方式的不同,生物传感器可分为以下三类。

①根据传感器输出信号分:生物亲和性传感器、代谢型或催化型传感器。

②根据分子识别元件上的敏感物质分:酶传感器、微生物传感器、组织传感器、细胞器传感器、免疫传感器和 DNA 生物传感器。

③根据信号换能器分:电化学传感器、离子敏场效应传感器、热敏电阻传感器、压电晶体传感器、光电传感器和声学传感器。

5）生物传感器的应用领域

生物传感器作为一种分析检测技术,在医药、军事、环境、食品等领域得到了高度重视和广泛应用。生物传感器正进入全面深入研究开发时期,各种微型化、集成化、智能化、实用化的生物传感器与系统越来越多。其主要应用在以下几个方面。

①食品工业。生物传感器在食品分析中的应用包括食品成分、食品添加剂、有害毒物及食品鲜度等的测定分析。

食品成分分析:在食品工业中,葡萄糖的含量是衡量水果成熟度和贮藏寿命的一个重要指标。已开发的酶电极型生物传感器可用来分析白酒、苹果汁、果酱和蜂蜜中的葡萄糖等成分。

食品添加剂的分析:亚硫酸盐通常用作食品工业的漂白剂和防腐剂,采用亚硫酸盐氧化酶为敏感材料制成的电流型二氧化硫酶电极可用于测定食品中的亚硫酸含量。此外,也有用生物传感器测定色素和乳化剂的报道。

②环境监测。近年来,环境污染问题日益严重,人们迫切希望拥有一种能对污染物进行连续、快速、在线监测的仪器,生物传感器满足了人们的要求。目前,已有相当部分的生物传感器应用于环境监测中。

大气环境监测:二氧化硫(SO_2)是酸雨酸雾形成的主要原因,传统的检测方法很复杂。Marty 等人将亚细胞类脂类固定在醋酸纤维膜上,和氧电极制成安培型生物传感器,可对酸雨酸雾样品溶液进行检测。

③发酵工业。在各种生物传感器中,微生物传感器具有成本低、设备简单、不受发酵液混浊程度的限制、能消除发酵过程中干扰物质的干扰等特点。因此,在发酵工业中广泛地采用微生物传感器作为一种有效的测量工具。微生物传感器可用于测量发酵工业中的原材料和代谢产物。另外,还用于微生物细胞数目的测定。利用这种电化学微生物细胞数传感器可以实现菌体浓度连续、在线的测定。

④医学领域。医学领域的生物传感器发挥着越来越大的作用。生物传感技术不仅为基础医学研究及临床诊断提供了一种快速简便的新型方法,而且因为其专一、灵敏、响应快等特点,在军事医学方面,也具有广阔的应用前景。在临床医学中,酶电极是最早研制且应用最多的一种传感器。利用具有不同生物特性的微生物代替酶,可制成微生物传感器。在军事医学中,对生物毒素的及时快速检测是防御生物武器的有效措施。生物传感器已应用于监测多种细菌、病毒及其毒素。

(2)智能式传感器

所谓智能式传感器,就是一种以微处理器为核心单元,兼有检测、判断和信息处理等功能的传感器。智能式传感器的最大特点就是将传感器检测信息的功能与微处理器的信息处理功能有机地融合在一起。

"微处理器"包含两种情况:一种是将传感器与微处理器集成在一个芯片上构成所谓的"单片智能传感器";另一种是指传感器能够配微处理器。

1)智能式传感器的分类

①初级形式:最早出现的商品化形式,不包括微处理器单元,只有敏感元件与(智能)信号调理电路,二者被封装在一个外壳里。它只有简单的自动校零、非线性自动校正、温度自动补偿功能。

②中级形式:也称为非集成智能式传感器,是指采用微处理器或微型计算机系统以强化和提高传统传感器的功能,即传感器与微处理器为两个独立部分,将敏感元件、信号调理电路和微处理器单元封装在一个外壳里形成一个完整的传感器系统,传感器的输出信号经处理和转化后由接口送到微处理器部分进行运算处理。它有强大的软件支撑,具有完善的智能化功能。

③高级形式:也称为集成智能式传感器,是指借助于半导体技术把传感器部分与信号预处理电路、输入输出接口、微处理器等制作在同一块芯片上,从而形成大规模集成电路智能式传感器,这类传感器不仅具有完善的智能化功能,而且还具有更高级的传感器阵列信息融合等功能,从而使其集成度更高、功能更加强大。集成智能式传感器具有多功能、一体化、精度

高、适用于大批量生产、体积小和便于使用等优点,是传感器发展的必然趋势,但其应用将取决于半导体集成化工艺水平的提高与发展。

2)智能式传感器的结构

智能式传感器的结构如图 8.30 所示,其带有微处理机,具有采集、处理、交换信息的能力。它由多个传感器集合而成,采集的信息需要计算机进行处理,而使用智能式传感器就可将信息分散处理,从而降低成本。

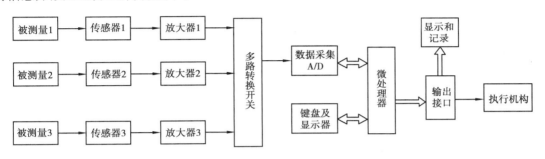

图 8.30　智能式传感器的结构图

3)智能式传感器的主要功能

①具有逻辑判断、决策和统计处理功能。可对检测数据进行分析、统计和修正,还可进行线性、非线性、温度、噪声、响应时间、交叉感应以及缓慢漂移等的误差补偿,可大大提高测量准确度。

②具有自诊断、自校正功能。智能式传感器可实现开机自检(在接通电源时进行)和运行自检(在工作中实时进行),以确定哪一组件有故障,大大提高了工作可靠性。

③具有自适应、自调整功能。内含的特定算法可根据待测物理量的数值大小及变化情况等自动选择检测量程和测量方式,提高了检测适用性。

④具有组态功能。可实现多传感器、多参数的复合测量,扩大了检测与使用范围。

⑤具有记忆、存储功能。可进行检测数据的随时存取,方便使用和进一步数据处理,加快了信息的处理速度。

⑥具有数据通信功能。智能式传感器具有数据通信接口,具有双向通信、标准化数字输出或符号输出特性,能与计算机直接连接,相互交换信息,提高了信息处理的质量。

4)智能式传感器的特点

与传统传感器相比,智能式传感器具有如下特点:1)精度高;2)可靠性与稳定性高;3)信噪比与分辨率高;4)自适应性强;5)性价比高。

5)智能式传感器的应用

智能传感器的一个重要应用是智能压力传感器,其结构框图如图 8.31 所示,它综合了模拟传感器的技术特点,可由用户自己决定是否使用和怎样使用智能功能。每个智能压力传感器均可在全温区和全压力范围内对其数字输出和模拟输出进行精确定标。因此,它是一个既精确又标准的模拟电压输出装置,也是一个完善的、具有地址的数字传感器,并可在 RS – 232 总线上和许多传感器一起联网使用。智能压力传感器可以帮助用户向数字测量系统过渡,而不用增加新的昂贵的硬件设备。

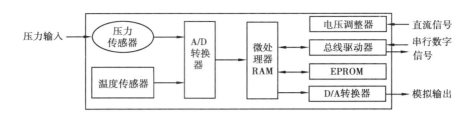

图 8.31　智能压力传感器的结构框图

该传感器的特点如下:1)具有优异的重复性和稳定性;2)可做标准的模拟压力传感器使用;3)用户可组态的模拟传感器;4)压力单位可选择;5)采样速率可调;6)跟踪输入变化;7)外部控制模拟输出。

思考与练习

(1)为获得较大输出的霍尔电动势,可采用多片霍尔元件同时工作的办法。试问其控制回路和输出交流或直流电动势回路应如何接线?

(2)试绘制用热敏电阻法在霍尔传感器输出回路进行温度补偿的线路,并分析其补偿原理。

(3)什么是霍尔效应?

(4)霍尔元件常用的材料有哪些?

(5)霍尔元件产生不等位电动势的原因有哪些?

(6)能否用压电传感器测量变化缓慢的应力信号?

(7)什么叫正压电效应? 什么叫逆压电效应?

(8)画出压电材料的两种等效电路。

(9)简述压电式加速度传感器的工作原理。

(10)试说明利用超声波传感器测量流量的基本原理。

(11)超声波传感器如何对工件进行无损探伤?

(12)简述光产生全反射的条件。

(13)简述热释电探测器的工作原理。

项目 **9**

现代检测技术

【项目描述】近年来,随着计算机技术、信号处理技术、通信技术的发展和应用,使得传感与检测系统以及仪表的功能得到很大的提升,性能指标得到很大的提高。现简要介绍一些目前应用较广、较为成熟的现代检测技术。

【学习目标】熟悉一些现代传感器的应用技术。

【技能目标】通过列举传感器在检测与控制系统中的使用,使读者充分了解传感器在现代检测技术中的应用,加深对传感器的理解。

【活动情景】在前面几章已经学习了常见参数的检测方法,学习了单个传感器的工作原理和特性参数,并了解了它们的一些实际应用。然而,在现代工业中,常常不是单独使用一种传感器,而是综合应用各种传感器来组成现场检测仪表,实现测控目的。

【任务要求】通过本项目的学习,深入了解现代检测技术中多种传感器的综合应用技术。

【基本活动】

(1)传感器新技术的发展

传感器能正确感受被测量并转换成相应的输出量,是自动检测系统和自动控制系统中不可缺少的元件,对系统的质量起决定性作用。传感器技术是现代信息技术的三大支柱之一,世界上传感器品种达三万余种,研究、生产单位有 5000 余家。目前,国内与传感器相关企业及科研院所已超过 1000 家。我国劳动部门已正式将"传感器应用技术员"确定为新职业,未来将是我国新型传感器技术得到全面、协调、持续发展的战略机遇期,传感器行业将紧密结合我国国情和市场发展要求,努力开发自主知识产权的新型产品,加快科研成果产业化,以尽快缩小与发达国家的差距。

现代计算机技术和通信技术的飞速发展,不仅对传感器的精度、可靠性、响应速度、获取的信息量要求越来越高,还要求其成本低廉且使用方便。显然,传统传感器因功能、特性、体积、成本等已难以满足而逐渐被淘汰,世界上许多发达国家都在加快对传感器新技术的研究与开发,并且都已取得极大的突破。

如今,传感器新技术的发展,主要有以下几个方面:

1)发现并利用新现象

物理现象、化学反应、生物效应是传感器的工作原理基础,所以研究发现新现象与新效应是传感器技术发展的重要工作,是研究开发新型传感器的基础。如日本夏普公司利用超导技术研制成功高温超导高温磁性传感器,是传感器技术的重大突破,其灵敏度高,制造工艺简单,可用于磁成像技术,有广泛推广价值。

2)利用新材料

传感器材料是传感器技术的重要基础,由于材料科学的进步,人们可制造出各种新型传感器。如用高分子聚合物薄膜制成温度传感器,用光导纤维能制成压力、流量、温度、位移等多种传感器,用陶瓷制成压力传感器。

3)微机械加工技术

半导体技术的加工方法有氧化、光刻、扩散、沉积、平面电子工艺、各向导性腐蚀及蒸镀、溅射薄膜等,这些都已引进到传感器的制造上,因而产生了各种新型传感器,如利用半导体技术制造出硅微传感器,利用薄膜工艺制造出快速响应的气敏、湿敏传感器,利用溅射薄膜工艺制造压力传感器。

4)集成传感器

集成传感器的优势是传统传感器无法达到的,它不仅仅是一个简单的传感器,同时将辅助电路中的元件与传感元件同时集成在一块芯片上,使之具有校准、补偿、自诊断和网络通信的功能,它可降低成本、增加产量。

5)智能化传感器

智能化传感器是一种带微处理器的传感器,是微型计算机和传感器相结合的成果,它兼有检测、判断和信息处理功能,与传统传感器相比有很多优点:

①具有判断和信息处理功能,能对测量值进行修正、误差补偿,因而提高了测量精度。

②可实现多传感器多参数测量。

③有自诊断和自校准功能,提高了可靠性。

④测量数据可存取,使用方便。

⑤有数据通信接口,能与微型计算机直接通信。

把传感器、信号调节电路、单片机集成在一块芯片上,可以做成超大规模集成化的高级智能传感器。

(2)无损检测诊断技术的新进展

无损检测技术,简称 NDT(Non Destructive Examination),是利用物质的某些物理性质因存在缺陷或组织结构上的差异使其物理量发生变化这一现象,在不破坏和损伤被检物使用性能及形态的前提下,通过测量这些变化来了解和评价被检测的材料、产品和设备构件的性质、状态、质量或内部结构等的一种特殊检测技术。

1)常用的无损检测方法

无损检测的方法很多,工业上最常用的无损检测方法有 5 种。

①射线探伤(RT)。使用电磁波对金属工件进行检测,这同 X 透视类似,射线(例如 X 射线、γ 射线)穿过材料到达底片,在正常情况下,会使底片均匀感光;如果遇到裂缝、洞孔以及

气泡和夹渣等缺陷,就会在底片中显示出暗影区。这种方法能检测出缺陷的大小和形状,还能测定材料的厚度。

②超声检测(UT)。超声波进入物体遇到缺陷时,一部分声波会产生反射,反射和接收器可对反射波进行分析,就能异常精确地测出缺陷来,并且能显示内部缺陷的位置和大小,还能测定材料厚度等。

③渗透探查(PT)。这是一种检查表面缺陷的方法。在清洗过的工件表面涂上渗透剂,如果有缺陷,它就会渗入缺陷中。然后把工件表面多余的渗透剂清除干净,再涂上显像剂,由于毛细现象,缺陷里残存的渗透剂被吸出。因为渗透剂里加入了红色染料或荧光物质,所以用肉眼就可以发现很细微的缺陷。

④磁粉检测(MT)。钢制的工件放在磁场中就会被磁化,如果工件表层存在缺陷,例如裂纹、夹杂物等,磁场线只能绕过缺陷,形成局部磁极。如果在工件表面撒上导磁性良好的磁粉,它就会受局部磁极的吸引而堆积,于是显出了缺陷的位置和形状。这种方法适用于探测表面和近表面的缺陷。

⑤涡流检测(ET)。给一个线圈通入交流电,在一定条件下通过的电流是不变的。如果把线圈靠近被试工件,像船在水中那样,工件内会感应出涡流,受涡流的影响,线圈电流会发生变化。由于涡流的大小随工件内有无缺陷而不同,所以线圈电流变化的大小能反映出有无缺陷。

2)无损检测诊断新技术

①正电子湮灭检测诊断技术。按照传统的概念,正电子是和反物质结合在一起的。正电子本身就属于反物质的一种补充状态,它是电子的反粒子,二者除带有相反的电荷外,其他性质(自旋、质量)都相同。早在 20 世纪 30 年代,人们在宇宙射线的观察中发现了正电子,后来又发现在许多不稳定粒子的衰变和人工产生的 β 辐射中都能产生正电子,当高能的 γ 射线通过某些物质时也能观察到正电子。

当一个正电子在其进入物质的过程中和一个电子相碰撞或发生相互作用时,两个粒子都可能消失掉,同时它们的能量将完全转变为 γ 射线形式的电磁辐射,这就是正电子湮灭效应。进入物质的正电子在和游离的电子相遇之前便与物质原子相碰撞,失去它的大部分动能而减慢速度,并被原子中的电子所俘获。一个正电子和一个电子相互作用的结果,也可能形成一个类氢元素"模式",即正电子偶素,此时正电子有氢核的作用,也可能最后发生正电子湮灭。近年来,人们逐渐发现正电子湮灭辐射对于探测原子和显微标度固体的不完整性蕴藏着新的活力,比如通过正电子在金属内空隙位置和其他缺陷区域的俘获进行对变形、疲劳破坏、蠕变以及金属及合金内亚微观缺陷形成的研究,这些缺陷包括位错、空格点、空位群(空穴)和孔洞等,它们都能在正电子湮灭辐射的特征方面显示出直观的效应。目前,与固体强度密切联系的微观和亚微观非破坏性测试技术没有进展,正电子湮灭方法将能填补这一空白。

②液晶检测诊断技术。液晶探伤法是 20 世纪 60 年代发展起来的一种新技术。它利用液晶附于物件表面,显示出彩色图像,借以了解物件内部的情况,探测有无缺陷,达到无损检测的目的。由于液晶对热、电磁场、应力、超声波、化学气体等非常敏感,因而在工业上有液晶探伤、液晶检测红外、液晶大屏幕电视机等应用,在医学上有液晶探癌法等应用,另外在宇航、风洞、高分子、生物学中都有许多研究和应用。

③中子照相检测诊断技术。中子射线照相与 X 射线照相和 γ 射线照相类似,都是利用这

些射线对物体有很强的穿透力的特征,实现对物体的无损检测。由于中子射线对大多数金属材料具有比 X 射线和 γ 射线更强的穿透力,对含氢材料表现为很强的散射性能,所以中子射线照相具有许多 X 射线和 γ 射线照相所没有的特点,从而成为射线检测技术的又一新的重要组成部分。

卡德威克(Chadwick)在 1932 年发现中子之后,许多学者对中子技术作了大量的研究。通过中子照相检查铀柱体的裂纹,探测含硼板状物和纤维板结构,以及金属材料中的有机物分布、含量等,证明了中子照相在解决一些特殊问题中具有独特的功能。在图像探测技术上,成功地发展了电子图像增强技术,出现了中子实时(Real - Time)照相、中子计算机层析摄影术(NCT),并采用计算机进行图像处理,提高了检测精度。近年来,中子照相已在航天、航空、化工冶金和核工业等部门的产品质量控制中,以及在科学研究和生物科学中得到了广泛的应用。

④磁记忆效应检测诊断技术。现代工业正朝着三高(即高温、高速、高载)方向发展,设备和构件在三高运行状态下往往未到下一个常规检测周期就已发生损坏,造成严重的后果。1997 年在美国旧金山举行的第五十届国际焊接学术会议上,俄罗斯科学家提出金属应力集中区—金属微观变化—磁记忆效应相关学说,并形成一套全新的金属诊断技术——金属磁记忆(MMM)技术,该理论立即得到国际社会的承认。

在现代工业中,大量的铁磁性金属构件,特别是锅炉压力容器、管道、铁路、汽轮机叶片、转子和重要焊接部件等,随着服役时间的延长,不可避免地存在着由于应力集中和缺陷扩展而引发事故的危险性。金属磁记忆检测方法便是迄今为止对这些部件进行早期诊断的惟一可行的方法。

A. 磁记忆效应。机械零部件和金属构件发生损坏的一个重要原因,是各种微观和宏观机械应力集中。在零部件的应力集中区域,腐蚀、疲劳和蠕变过程的发展最为激烈。机械应力与铁磁材料的自磁化现象和残磁状况有直接的联系,在地磁作用的条件下,用铁磁材料制成的机械零件的缺陷处会产生磁导率减小、工件表面漏磁场增大的现象,铁磁性材料的这一特性称为磁机械效应。磁机械效应的存在使铁磁性金属工件的表面磁场增强,同时,这一增强了的磁场"记忆"着部件的缺陷和应力集中的位置,这就是磁记忆效应。

B. 检测原理。工程部件由于疲劳和蠕变而产生的裂纹会在缺陷处出现应力集中,由于铁磁性金属部件存在着磁机械效应,故其表面上的磁场分布与部件应力载荷有一定的对应关系,因此可通过检测部件表面的磁场分布状况间接地对部件缺陷和(或)应力集中位置进行诊断,这就是磁记忆效应检测的原理。

(3)多传感器数据融合技术

现实世界的多样性决定了采用单一的传感器已不能全面地感知和认识自然界,多传感器及其数据融合技术应运而生。根据美国国防部实验室联合指导委员会(JDL)的定义,多传感器数据融合(Multi - sensor Data Fusion)是一种针对单一传感器或多传感器数据或信息处理技术,通过数据关联、相关和组合的等方式以获得对被测环境或对象的更加精确的定位、身份识别及对当前态势和威胁的全面而及时的评估。

多传感器融合就像人脑综合处理信息一样,充分利用多传感器资源,把多传感器在空间或时间上的冗余或互补信息依据某种准则进行组合,以获得被测对象的一致性解释或描述。

1）多传感器数据融合的优点

和传统的单传感器技术相比,多传感器数据融合技术具有许多优点,下面列举的是一些有代表性的方面:

①采用多传感器数据融合可以增加检测的可信度。例如采用多个雷达系统可以使得对同一目标的检测更可信。

②降低不确定度。例如采用雷达和红外线传感器对目标进行定位,雷达通常对距离比较敏感,但方向性不好,而红外线传感器则正好相反,其具备较好的方向性,但对距离测量的不确定度较大,将二者相结合可以使得对目标的定位更精确。

③改善信噪比,增加测量精度。例如通常用到的对同一被测量进行多次测量然后取平均的方法。

④增加系统的互补性。采用多传感器技术,当某个传感器不工作、失效的时候,其他的传感器还能提供相应的信息。例如用于汽车定位的 GPS 系统,由于受地形、高楼、隧道、桥梁等的影响,可能得不到需要的定位信息,如果和汽车其他常规惯性导航仪表如里程表、加速度计等联合起来,就可以解决此类问题。

⑤增加对被检测量的时间和空间覆盖程度。

⑥降低成本。例如采用多个普通传感器可以取得和单个高可靠性传感器相同的效果,但成本却可以大大降低。

2）数据融合的层次

数据融合层次的划分主要有两种方法,第一种方法是将数据融合划分为低层(数据级或像素级)、中层(特征级)和高层(决策级),另一种方法是将传感器集成和数据融合划分为信号级、证据级和动态级。

数据级融合(或像素级融合)是对传感器的原始数据及预处理各阶段上产生的信息分别进行融合处理。它尽可能多地保留了原始信息,能够提供其他两个层次融合所不具有的细微信息。其局限性为:①由于所要处理的传感器信息量大,故处理代价高。②融合是在信息最低层进行的,由于传感器原始数据的不确定性、不完整性和不稳定性,要求在融合时有较高的纠错能力。③由于要求各传感器信息之间具有精确到一个像素的配准精度,故要求传感器信息来自同质传感器。④通信量大。

特征级融合是利用从各个传感器原始数据中提取的特征信息,进行综合分析和处理的中间层次过程。通常所提取的特征信息应是数据信息的充分表示量或统计量,据此对多传感器信息进行分类、汇集和综合。特征级融合可分为目标状态信息融合和目标特性融合。特征级目标状态信息融合主要用于多传感器目标跟踪领域。融合系统首先对传感器数据进行预处理,以完成数据配准。数据配准后,融合处理主要实现参数相关和状态矢量估计。特征级目标特性融合就是特征层联合识别,具体的融合方法仍是模式识别的相应技术,只是在融合前必须先对特征进行相关处理,对特征矢量进行分类组合。

决策级融合是在信息表示的最高层次上进行的融合处理。不同类型的传感器观测同一个目标,每个传感器在本地完成预处理、特征抽取、识别或判断,以建立对所观察目标的初步结论,然后通过相关处理、决策级融合判决,最终获得联合推断结果,从而直接为决策提供依据。因此,决策级融合是直接针对具体决策目标,充分利用特征级融合得出目标的各类特征信息,并给出简明而直观的结果。决策级融合除了实时性最好之外,还具有一个重要优点,即这种融合方法在一个或几个传感器失效时仍能给出最终决策,因此具有良好的容错性。

3)数据融合的过程

图9.1所示为数据融合的全过程。由于被测对象多半为具有不同特征的非电量,如温度、压力、声音、色彩和灰度等,所以首先要将它们转换为电信号,然后通过A/D转换将它们转换为能由计算机处理的数字量。数字化后,电信号需经过预处理,以滤除数据采集过程中干扰和噪声。对经处理后的有用信号做特征抽取,再进行数据融合;或者直接对信号进行数据融合。最后,输出融合的结果。

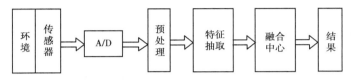

图9.1　数据融合的全过程

常用的数据融合方法有加权平均法、卡尔曼滤波法、模糊逻辑法、神经网络法等。

4)多传感器数据融合中的传感器工作方式

传感器是一种接受外界信号或刺激并按一定规律将其转化为其他信号输出的器件。多传感器数据融合中比较强调传感器的输出数据,因此往往需要用到传感器的抽象定义,即传感器可以看成是一种获取被感知环境在给定时刻的信息的装置。它可以定义为一个具有两个自变量的函数,一个自变量为被感知环境,另一个自变量为时间,用数学公式来表达可以简单地写为如下形式:

$$S(E,t) = \{V(t),e(t)\} \tag{9.1}$$

式中,E、t 为自变量;V 为映射结果;e 为不确定度。

从多传感器数据融合的角度,传感器相互之间的工作方式主要为3种,即互补方式、竞争方式和协同方式。

(4)传感器网络技术

1)传感器网络的产生与发展

2003年2月,美国的《技术评论》认为,有10种新兴技术在不远的将来会对社会和经济发展产生巨大影响。无线传感器网络,又简称传感器网络(Sensor Networks),就是其中之一,且位居十大新兴技术首位,它为各种应用系统提供了一种全新的信息采集、分析和处理的途径。

传感器网络对国家和社会意义重大,国内外对于传感器网络的研究正热烈开展。由于传感器网络技术与现有的网络技术相比存在较大区别,因而为检测技术和仪表系统的发展带来了新的生机,也提出了很多新的挑战。

①传感器网络。在微机电加工技术、自组织的网络技术、集成低功耗通信技术和低功耗传感器集成技术这四种技术的共同作用下,传感器朝着微型化和网络化的方向迅猛发展,从而产生了传感器网络。

传感器网络是由许多传感器节点协同组织起来的。传感器节点可以随机或者特定地布置在目标环境中,它们之间通过无线网络、采用特定的协议自组织起来,从而形成了由传感器节点组成的网络系统,以实现能够获取周围环境的信息并且相互协同工作完成特定任务的功能。

传感器节点一般由传感单元、处理单元、收发单元、电源单元等功能模块组成(图9.2)。

除此之外,根据具体应用的需要还可能有定位单元、电源再生单元和移动单元等。其中,电源单元是最重要的模块之一。有的系统可能采用太阳电池等方式来补充能量,但是大多数情况下,传感器节点的电池是不可补充的。

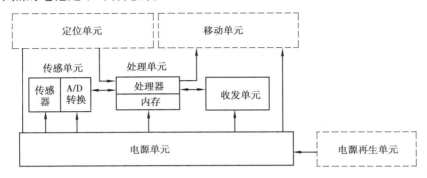

图9.2　传感器节点的组成

②传感器网络的构成。在传感器网络中,每个传感器节点的功能都是相同的,大量传感器节点被布置在整个被观测区域中,各个传感器节点将自己所探测到的有用信息通过初步的数据处理和信息融合再传送给用户。传感器工作区内的数据传送是通过相邻节点的接力传送方式实现的,通过一系列的传感器节点将相关的信息传送到基站。基站后的数据传送是通过基站以卫星信道或者有线网络连接的传送方式实现的,并最终将有用信息传送给最终用户。

传感器网络的常规结构如图9.3所示。传感器网络主要由传感器节点(传感器工作区)、传感器网络通信基站、通用通信系统和传感器网络任务管理终端等部分组成。当传感器网络敷设完成后,所有的传感器系统就自动形成一个网络。传感器系统统称为传感器节点,节点之间能够相互通信,同时也能够与传感器网络通信基站进行通信。传感器网络通信基站是一个中转站,它将传感器节点收集到的数据,通过通用通信系统发送到计算机终端(传感器网络任务管理终端)上,同时将计算机终端的命令再传送到相关传感器节点。传感器网络通信基站与计算机终端可同处传感器网络的工作范围,也可实现在空间上的分离。在研究实验阶段,两者多处于同一工作范围;但在实际应用中,两者多是空间独立的,传感器网络通信基站在传感器网络的工作范围之内,而计算机终端则在千里之外的控制操作室。

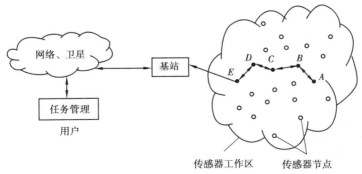

图9.3　传感器网络的常规结构

传感器节点由不同种类的微型无线传感器所形成,根据传感器设置和组成的不同,分别完成特定的检测和分析任务,从而实现对环境信息的检测与融合处理。布置在特定范围内、准备完成特定任务的大量无线传感器节点就构成了传感器工作区。

传感器网络通信基站是连接传感器网络与外部世界的主要通信枢纽。在传感器网络与外部世界之间所有信息和命令的传递,都必须通过该通信基站方能实现,因而它是传感器网络的重要配套设备。它必须具有与常规通信系统连接的能力,且通信能力要有必要的保证。

通用通信系统是常规环境下的各种网络通信系统,包括互联网(Internet)、局域网(Intranet)、移动通信系统(GSM)、卫星通信系统等。它负责将传感器网络通信基站与传感器网络任务管理的最终用户连接起来。

传感器网络任务管理终端是最终用户实现对传感器网络控制和管理的设备和系统。它负责完成对传感器网络的任务设置、系统监控和信息处理,是实现在远端完成对传感器网络进行操作和监控的必要手段。

③传感器网络的发展。传感器网络最初来源于20世纪美国先进国防研究项目局的一个研究项目。当时正处于冷战时期,为了监测敌方潜艇的活动情况,需要在海洋中布置大量的传感器,以便根据这些传感器所检测的信息来实时监测海水中潜艇的行动。由于当时技术条件的限制,使得传感器网络的应用只能局限于军方项目,难以得到广泛推广和发展。

近年来,已经有一些公司,如美国的 Crossbow 公司和 Dust 公司等,致力于传感器网络的研究和生产。其中,Crossbow 公司已经推出了 Mica 系列传感器网络产品,该公司还特地为 Mica 开发了一套微型操作系统,取名为 TinyOS。目前,国内外关于传感器网络的大多数科研和演示系统都是在 Mica 平台上搭建而成的。

由于真正应用传感器网络时需要大规模铺设,因而有必要要求每个传感器节点的成本要低,但目前每个传感器节点的造价仍然过高。随着集成技术的进一步提高、器件微型化的进一步发展和大规模生产带来的经济效益,传感器节点的成本将大幅度下降。由于节点的微型化要求,每个节点的体积越来越小,Dust 公司已经开始设计最终能够悬浮于空气中的"智能尘埃"传感器。

虽然传感器网络最初主要应用于军事领域,但是随着技术的发展,传感器节点的成本越来越低,而功能却日益强大,使得以前造价昂贵的传感器网络已经能够进入民用领域。传感器网络在民用领域的应用主要包括生态环境的监测、基础设施安全、产品制造、物流管理、医疗健康、工业传感、智能交通控制和智能能源等。可以看到,随着技术的进步和经济的发展,传感器网络必将会越来越多的应用于社会生活的各个方面。

2)传感器网络的功能与特点

①传感器网络的主要功能。传感器网络的主要功能应由具体的应用所决定,但无论是何种应用,其基本功能都是一致的。传感器网络的基本功能包括以下几个方面。

A. 参数计算:计算在给定区域中相关参数的值。如在进行环境监测的传感器网络中,需要确定温度、压力、照度和湿度等,此时,不同的传感器节点配置有不同类型的传感器,而每个传感器都可有不同的采样频率和测量范围

B. 事件检测:监测事件的发生并估计事件发生过程中的相关参数。如在用于交通管理的传感器的网络中,可检测车辆是否通过了交叉路口以及通过路口的速度和方向。

C. 目标监测:区分被监测的对象。如在用于交通管理的传感器网络中,可检测车辆是轿车、小面包车、轻型卡车还是公共汽车等。

D. 目标跟踪实现被测对象的跟踪:如在战时敷设的传感器网络区域内,可跟踪敌方坦克,辨识其行使轨迹等。

在传感器网络所能提供的以上功能中,最重要的特性是能够保证按应用要求将信息传送到合适的最终用户。在某些应用中,实时性是至关重要的,如在监控网络系统中,当检测到有可疑人物出现时,应及时通知保安人员,以便及早采取相应的措施。

②传感器网络的初步应用。基于传感器网络的基本功能,经过国内外众多专家的研究和开发,目前已在以下方面找到了传感器网络的初步应用:

A. 军事侦察:采集尽可能多的有关敌方部队的移动、布防和其他相关信息。

B. 危险品监测:监测化学物品、生物物品、放射性物品、核物品和爆炸性物品等。

C. 环境监测:监测平原、森林和海洋的环境变化情况。

D. 交通监控:监控高速公路的交通状况和城市交通的拥堵情况。

E. 公共安全:提高购物中心、停车场和其他公共设施的安全监测。

F. 车位管理:实现停车场车位监测和管理。

显然,在传感器网络的所有应用中,传感器节点是否需要逐个设置定位编号和网络上的数据是否需要融合,是必须考虑的两个重要因素。例如,安装在停车场地传感器节点必须逐个定位编号,以便确定哪些车位已被占用,在这种情况下系统可采用广播方式将查询信息发送到所有的传感器节点。又如,在安装有传感器网络系统的房屋中,如果想确定某个角落的温度,只要该区域中的任一传感器做出反应既可,因而不必为每个传感器节点定位编号;而此时进行信息融合则是至关重要的,因为通过信息融合可大幅度减少需要网络传送的信息。

3)传感器网络的主要特点

①传感器节点数量巨大且密度较高。由于传感器网络节点微型化,每个节点的通信和传感半径有限(一般为十几米),而且为了节能,传感器节点大部分时间处于休眠状态,所以往往通过铺设大量的传感器节点来保证传感器网络系统的工作质量。传感器网络的节点数量和密度要比 Ad hoc 网络高几个数量级,可达到每平方米上百个节点的密度,或系统总体上所拥有的传感器节点总数可达数万个,甚至多到无法为单个节点分配统一的物理地址。

②常规运行处于低功耗状态。由于传感器节点的微型化,节点电池能量必然有限,同时由于应用上的物理限制难以实施系统维护,即难以给节点更换电池,所以为延长节点工作寿命,传感器节点的常规工作必须处于低功耗状态。因此,电池能量限制在整个传感器网络设计中是最关键的约束之一,它直接决定了传感器网络的工作寿命。此外,有限的电源也限制了传感器节点的存储和计算能力,使其不能进行复杂的计算,传统互联网上成熟的协议和算法对传感器网络而言开销太大,难以使用,因而必须重新设计简单而有效的新协议及算法。

③具有很强的网络自组织能力。由于传感器网络都是由数量巨大的传感器节点所组成,强大的网络自组织能力是系统正常运行的根本保证。传感器节点在工作和睡眠状态之间切换以及传感器节点随时可能由于各种原因发生故障而失效,或者是新的传感器节点补充进来以提高网络的质量,使得传感器网络的拓扑结构变化很快,且须周期性的自动完成网络配置。同时,传感器网络结构的动态变化也使得保证网络正常运行的各种算法,如路由算法和链路质量控制协议等,必须能够适应各种情况的变化。

④具有信息融合的数据处理。由于在传感器网络的应用中通常只关心被测区域特定参数的观测值,而不关心具体某个传感器节点的观测数据,也不关心这些数据的传送过程,因而

在数据处理过程中需要传感器网络进行必要的信息融合。这也是传感器网络与传统网络相比较具有的重要特性之一。

⑤具有灵活的数据搜索功能。由于传感器网络是由巨大的传感器节点组成,而实际应用中常需要查询特定区域中由某个特定的传感器节点或某组特定的传感器节点所产生的信息;同时由于不可能在传感器网络中传送大量的数据,因而在系统中设置了大量的本地基站节点,以采集指定区域的相关数据并生成简要信息,从而可以大幅度减少需要网络传送的相关数据。在数据搜索过程中,传感器网络可直接对被测区域的本地基站节点下达数据搜索的命令,极大地提高了数据搜索效率。

⑥对检测环境的干扰和侵蚀小。由于传感器节点的微型化,使得传感器节点敷设在被测环境中时,可以与环境相互融合,不易察觉;同时由于传感器节点的低功耗设计,不需要提供系统维护和电源更换,不会对环境的维护和发展产生负面影响。因而,传感器网络的使用不会对环境产生过多的侵蚀和干扰。在美国进行的传感器网络多种应用实验中,如动物习性监测、环境状态监测与预报以及军事侦察等,都很好地体现了传感器网络对环境干扰和侵蚀小的优势。

⑦具备互补性和容错能力。由于在传感器网络中传感器节点的数量巨大且密度较高,传感器节点自身就在工作和睡眠状态之间切换,使得传感器网络中的节点始终处于动态变化过程中;同时由于系统设计已保证了传感器网络具有自组织能力,可进行路由的自组织计算,因而使得传感器网络在整体上具备了互补性和容错能力,使得在传感器节点随时可能由于各种原因发生故障而失效时,或者有新的传感器节点补充进来以提高网络的质量时,能够保证整个系统的正常工作。

【技能训练】我们已经学过了几十种传感器的结构与工作原理,但在实际应用时,往往不是像前面所列举的例子那样,单独地使用一个传感器来组成简单的仪表,而是需要数百个不同的传感器将各种不同的机械、热工量转换成电量,供计算机采样。

(1)传感器在自动化生产线中的应用

在流水化作业中,常大量采用自动化生产线以减少中间环节,提高工作效率,以降低生产成本。传感器是实现生产线自动化的重要条件。在一条生产线中,传感器往往有上百个,绝大多数的传感器起着位置检测的作用,也有一些温度检测、颜色判别、长度检测等传感器。自动化生产线中,最常使用的传感器有光电传感器、磁性开关。如果把自动化生产线比作人,则光电传感器就是人的眼睛,磁性开关就是人的触觉,它们是自动化生产线中的检测元件。下面将介绍自动化生产线中最常使用的几种传感器。

1)磁性开关

磁性开关用于各类气缸的位置检测。磁性开关是一种非接触式位置检测开光,用于检测磁石的存在,其接线如图9.4所示。

当有磁性物质接近磁性开关传感器时,传感器动作,并输出开关信号。在实际应用中,可以在被测物体上安装磁性物质,在气缸缸筒外面的两端各安装一个磁感应式接近开关,就可以用两个传感器分别标识气缸运动的两个极限位置。

磁性开关的内部电路如图9.5所示,为了防止因错误接线而损坏磁性开关,通常在使用磁性开关时都串联限流电阻和保护二极管,这样,即使引出线极性接反,磁性开关也不会烧毁,只是该磁性开关不能正常工作。

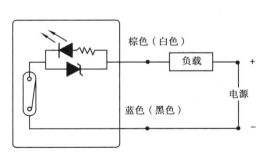

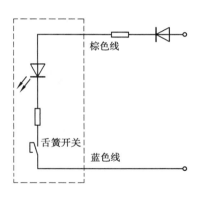

图9.4　磁性开关接线图　　　　　图9.5　磁性开关内部电路

2）电涡流传感器

在生产线上,有时要用托盘放工件,托盘被传送带送到各单位。托盘的位置检测通常采用电涡流传感器检测,如图9.6所示。托盘下面放有铁质金属,当托盘到位时电涡流传感器检测到有铁质金属,即有输出信号(看传感器本身指示灯的情况或用万能表检测),移开托盘,电涡流传感器无输出信号(灯灭)。

3）光电传感器

光电接近开关通常在环境条件比较好、无粉尘的场合下使用,对检测对象无任何影响,所以被自动化生产线广泛使用。

光电开关检测工件的有无如图9.6所示,当有工件靠近时,光电开关有信号输出。光电开关有漫射式、投射型和回归型,都由发光的光源和接收光线的光敏元件构成。漫射式光电开关由光源和光敏元件两部分构成,光发射器与光接收器同处于一侧,合为一体。例如,图9.6所示的光电开关就属于漫射式。这三种类型的光电开关要根据自动生产线被检测物的特性、安装方式进行选择。

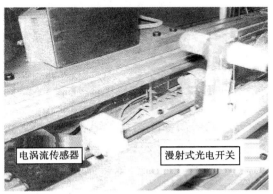

图9.6　自动生产线上的电涡流传感器

色彩传感器也是一种光电传感器。工业生产中,进行颜色识别、调整及测定时,需要采用色彩传感器。如图9.7所示,该色彩传感器检测工件上商标的颜色,通过工件上商标的不同颜色来识别是否为合格品,若不合格,则要进入废品回收单元。色彩传感器能可靠地检测多种颜色,灵敏度高、方便可调。通过静态和动态设置使灵敏度设定和亮度/暗度操作设定一次完成。

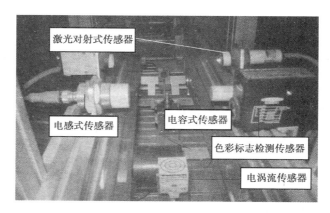

图9.7 检测单元传感器布置

激光对射式传感器也属于光学传感器,激光对射式传感器包括激光发射器和对射式接收器,两者分别布置在被测物体两侧,如图9.7所示,这一对激光对射式传感器用于检测工件上盖。

4)光栅传感器

在自动生产线立体仓库中,利用光栅传感器检测物料的输送高度,如图9.8所示。光栅传感器带显示器,显示器是一个配有LCD数码显示屏的信号输出装置,用以显示光栅尺采集到的数据信号。

图9.8 光栅传感器应用于立体仓库

该立体仓库单元系统的运行过程是:合格工件通过光电开关检测到本站后,输入电机脉冲信号使升降机动作,采用光栅尺计数进行工件的位置检测,传送电机把工件送入仓库。该立体仓库通过光栅显示器的准确读数,确定工件放入仓库的位置。

(2)传感器在机器人中的应用

机器人是由计算机控制的复杂机器,它具有类似于人的肢体及感官功能,动作程序灵活,有一定程度的智能,在工作时可以不依赖于人的操作。传感器在机器人的控制中起了非常重要的作用,正应为有了传感器,机器人才具备了类似于人类的知觉功能和反应能力。

机器人的视觉、听觉、触觉等各种感觉都是通过传感器来检测和感知外部世界的,传感器遍布于机器人全身,其大致分布如图9.9所示。

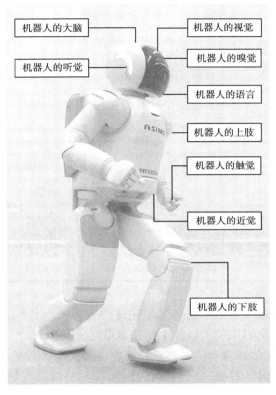

图9.9　传感器在机器人身上的分布

机器人所用的传感器一般分为内部传感器和外部传感器(感觉传感器)两大类。内部传感器的功能是检测机器人自身的状态,用于系统控制,使机器人按规定的要求进行工作,如限位开关、编码器、加速度计、角度传感器等;外部传感器的功能是检测环境信息,识别工作环境,为机器人提供应付环境变化的依据,使机器人能够控制操作对象,如光电传感器、接近开关、视觉传感器、触觉传感器、压力传感器。机器人内设置的传感器具体如表9.1所示。

表9.1　机器人内传感器分类

类　别	检测内容	应用目的	传感器
明暗觉	是否有光,亮度为多少	判断有无对象,并得到定量结果	光敏管、光电断续器
色觉	对象的色彩及浓度	利用颜色识别对象的场合	彩色摄影机、滤色器、彩色 CCD
位置觉	物体的位置、角度、距离	物体空间位置,判断物体移动	光敏阵列、CCD 等
形状觉	物体的外形	提取物体轮廓及固有特征,识别物体	光敏阵列、CCD 等

续表

类 别	检测内容	应用目的	传感器
接触觉	与对象是否接触、接触的位置	决定对象位置,识别对象形态,控制速度,安全保障,异常停止,寻径	光电传感器、微动开关、薄膜接点、压敏高分子材料
压觉	对物体的压力、握力、压力分布	控制握力,识别握持物,测量物体弹性	压电元件、导电橡胶、压敏高分子材料
力觉	机器人有关部件(如手指)所受外力及转距	控制手腕移动,伺服控制,正确完成作业	应变片、导电橡胶
接近觉	对象物是否接近,接近距离,对象面的倾斜	控制位置,寻径,安全保障,异常停止	光电传感器、气压传感器、超声波传感器、电涡流传感器、霍尔传感器
滑觉	垂直握持面方向物体的位移,重力引起的变形	修正握力,防止打滑,判断物体重量及表面状态	球形接点式、光电旋转传感器、角编码器、振动检测器

在内部传感器中,机器人最基本的传感单元是位置和速度传感器,它们可用于检测机器人关节位置或速度,也是机器人关节组件中的基本单元。

机器人中用得最常见的位置和位移传感器有电位器式位移传感器和编码式位移传感器。其中,编码式位移传感器是一种数字式位移传感器,检测精度高。一般把该传感器装在机器人关节的转轴上,用来检测各关节轴转过的角度。在机器人的关节轴上还装有增量式光电编码器,可测量出转轴的相关位置,但不能确定机器人的转轴绝对位置,所以光电编码器一般用于定位精度要求不高的机器人,如喷涂、搬运及码垛机器人等。

速度传感器是机器人中较重要的内部传感器之一,主要测量机器人关节的运行速度,即角速度传感器。目前广泛使用的角速度传感器有两种,分别为测速发电机和增量式光电编码器。为抑制机器人机械部分刚性不足所引起的振动问题,有时把加速度传感器安装在机器人的手爪上,对测得的加速度进行数值积分,加到反馈环节上,以改善机器人的性能。机器人中常用的加速度传感器有应变片式加速度传感器、伺服加速度传感器和压电加速度传感器。

外传感器的视觉传感器就是人工视觉,相当于眼睛视觉细胞的光电转换器件有光电二极管、光电三极管和 CCD 图像传感器。机器人的接触觉检测机器人是否接触目标或环境,可由微型开关构成。压觉传感器检测传感器所受到的作用力,它由弹性体及检测弹性体位移的敏感元件或由感压电阻构成。用弹簧等材料做弹性元件,用光电元件、霍尔元件、电位器做位移检测机构,如图 9.10 所示。接近觉传感器是机器人能感知相距几毫米至几十厘米内对象物或障碍物的距离、对象物的表面性质等的传感器,是非接触式的传感器。

机器人中的传感器很多,这里不再一一叙述,若有兴趣,可参考有关机器人的专业书籍。

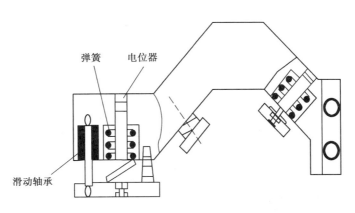

图 9.10　弹簧式压觉传感器

项目小结

　　现代计算机技术和通信技术的飞速发展,使得传感与检测系统和仪表的性能指标得到很大的提高。传感器新技术的发展,主要有发现新现象、利用新材料、微机械加工技术、集成传感器、智能化传感器等,本项目简要介绍一些目前应用较广、较为成熟的现代传感技术。

　　无损检测技术是利用物质的某些物理性质因存在缺陷或组织结构上的差异使其物理量发生变化这一现象,在不破坏和损伤被检物使用性能及形态的前提下,通过测量这些变化来了解和评价被检测的材料、产品和设备构件的性质、状态、质量或内部结构等的一种特殊的检测技术。无损检测诊断新技术有正电子检测诊断技术、液晶检测诊断技术、中子照相检测诊断技术、磁记忆效应检测诊断技术。

　　多传感器融合是指充分利用多传感器资源,把它们在空间或时间上的冗余或互补信息依据某种准则进行组合,以获得被测对象的一致性解释或描述。另外也介绍了多传感器数据融合的优点、数据融合层次、数据融合过程及其中的传感器工作方式。

　　传感器网络为各种应用系统提供了一种全新的信息采集、分析和处理的途径,它与现有的网络技术相比存在较大区别,因而为检测技术和仪表系统的发展带来了新的生机,也提出了很多新的挑战。

知识拓展

（1）虚拟仪器简介

1）虚拟仪器技术的定义

测量仪器发展至今，大体可以分为四个阶段：模拟仪器、数字化仪器、智能仪器和虚拟仪器。第一代模拟仪器，是以电磁感应基本定律为基础的指针仪器仪表，基本结构是电磁机械式，借助指针来显示最终结果，如指针式万用表、晶体管电压表等。第二代数字化仪器，是将模拟信号的测量转化为数字信号测量，并以数字方式输出最终结果，如数字电压表、数字频率计等。第三代智能仪器，内置微处理器，既能进行自动测试又具有一定的数据处理功能，它的功能模块全部是以硬件和固化的软件的形式存在，无论是开发还是应用，都缺乏灵活性。而第四代虚拟仪器，是现代计算机软、硬件技术和测量技术相结合的产物，是传统仪器观念的一次巨大变革，是将来仪器发展的一个重要方向。

虚拟仪器技术就是利用高性能的模块化硬件，结合高效灵活的软件来完成各种测试、测量和自动化的应用。灵活高效的软件能创建完全自定义的用户界面，模块化的硬件能方便地提供全方位的系统集成，标准的软硬件平台能满足对同步和定时应用的需求。只有同时拥有高效的软件、模块化 I/O 硬件和用于集成的软硬件平台这三大组成部分，才能充分发挥虚拟仪器技术性能高、扩展性强、开发时间少以及出色的集成这四大优势。

2）虚拟仪器的组成

虚拟仪器通常由传感器、信号采集与调理单元、数据采集板卡和计算机软硬件系统组成。虚拟仪器的组成如图 9.11 所示。

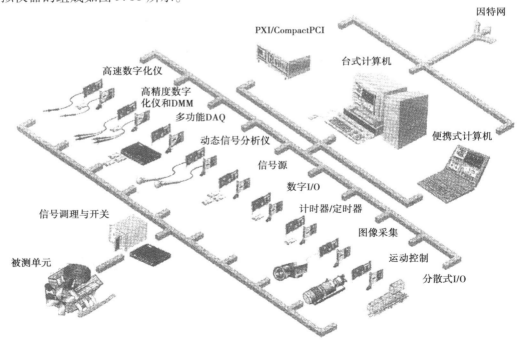

图 9.11　虚拟仪器的组成

3）虚拟仪器的分类

虚拟仪器的发展随着计算机的发展和采用总线方式的不同,大致可分为七种类型。

①PCI 总线—插卡型虚拟仪器。这种方式借助于插入计算机内的板卡(如数据采集卡、图像采集卡)与专用的软件(如 LabVIEW™、LabWindows/CVI)或通用编辑工具(如 Visual C + + 和 Visual Basic)等相结合,可以充分利用计算机或工控机内的总线、机箱、电源及软件的便利。

但是该类虚拟仪器受普通计算机机箱结构和总线类型限制,还有电源功率不足、机箱内部的噪声电平较高、插槽数目较少、插槽尺寸小、机箱内无屏蔽等缺点。该类虚拟仪器曾有 ISA、PCI 和 PCMCIA 总线等,但目前 ISA 总线的虚拟仪器已经基本淘汰,PCMCIA 总线结构连接强度太弱的限制影响了它的工程应用,而 PCI 总线的虚拟仪器广为应用。

②并行口式虚拟仪器。该类型的虚拟仪器是一系列可连接到计算机并行口的测试装置,它们把仪器硬件集成在一个采集盒内。仪器软件装在计算机上,通常可以完成各种测量测试仪器的功能,可以组成数字存储示波器、频谱分析仪、逻辑分析仪、任意波形发生器、频率计、数字万用表、功率计、程控稳压电源、数据记录仪、数据采集器。它们的最大好处是可以与便携式计算机相连,方便野外作业,又可与台式计算机相连,实现台式和便携式两用,非常灵活。由于其价格低廉、用途广泛,适合于研发部门和各种教学实验室应用。

③GPIB 总线方式的虚拟仪器。GPIB(General Purpose Interface Bus)技术是 IEEE488 标准的虚拟仪器早期阶段的技术。GPIB 也称 HPIB 或 IEEE488 总线,最初是由 HP 公司开发的仪器总线。该类虚拟仪器也是虚拟仪器与传统仪器结合的典型例子。它的出现使电子测量从独立的单台手工操作向大规模自动测试系统发展。典型的 GPIB 测试系统由一台计算机、一块 GPIB 接口卡和若干台 GPIB 总线仪器通过 GPIB 电缆来连接而成。一块 GPIB 接口可联接 14 台仪器,电缆长度可达 40 米。

利用 GPIB 技术实现计算机对仪器的操作和控制,替代传统的人工操作方式,可以方便地把多台仪器组合起来,形成自动测量系统。GPIB 测量系统的结构和命令简单,主要应用于控制高性能专用台式仪器,适合于精确度要求高,但不要求计算机高速传输时应用。

④VXI 总线方式虚拟仪器。VXI(VME extension for Instruments)总线是一种高速计算机总线 VME 在 VI 领域的扩展,它具有稳定的电源、强有力的冷却能力和严格的 RFI/EMI 屏蔽。由于它的标准开放、结构紧凑、数据吞吐能力强、定时和同步精确、模块可重复利用、众多仪器厂家支持的优点,很快得到广泛的应用。经过多年的发展,VXI 系统的组建和使用越来越方便,尤其是组建大、中规模自动测量系统以及对速度、精度要求高的场合,有其他仪器无法比拟的优势。然而,组建 VXI 总线要求有机箱、零槽管理器及嵌入式控制器,造价比较高。目前这种类型也有逐渐退出市场的趋势。

⑤PXI 总线方式虚拟仪器。PXI(PCI extension for Instruments)总线是在 PCI 总线内核技术基础上增加了成熟的技术范围和要求形成的,包括多板同步触发总线的技术,增加了用于相邻模块高速通信的局域总线。PXI 具有多个扩展槽,具有高度可扩展性,通过使用 PCI - PCI 桥接器,可扩展到 256 个扩展槽。对于多机箱系统,现在则可利用 MXI 接口进行连接,将 PCI 总线扩展到 200m 远。而台式计算机 PCI 系统只有 3(4 个扩展槽,台式计算机的性价比和 PCI 总线面向仪器领域的扩展优势结合起来,将形成未来的虚拟仪器平台。

⑥外挂型串行总线虚拟仪器。这类虚拟仪器利用 RS - 232 总线、USB 和 1394 总线等目

前计算机提供的一些标准总线,可以解决基于 PCI 总线的虚拟仪器在插卡时需要打开机箱等操作不便,以及 CPI 插槽有限的问题。同时,测试信号直接进入计算机,各种现场的被测信号对计算机的安全造成很大的威胁。另外,计算机内部的强电磁干扰对被测信号也会造成很大的影响,故外挂式虚拟仪器系统成为廉价型虚拟仪器测试系统的主流。

RS-232 总线主要是用于前面提到的过的仪器控制。目前应用较多的是近年来得到广泛支持的 USB,但是,USB 也只限于用在较简单的测试系统中。用虚拟仪器组建自动测试系统,更有前途的是采用 IEEE1394 串行总线,因为这种高度串行总线能够以 200 或 400Mb/s 的速率传送数据,显然会成为虚拟仪器发展最有前途的总线。

这类虚拟仪器可把采集信号的硬件集成在一个采集盒里或一个探头上,软件装在计算机上。它们的优点是可实现台式和便携式两用,特别是由于传输速度快、可以热插拔、联机使用方便的特点,将成为未来虚拟仪器有巨大发展前景和广泛市场的主流平台。

⑦网络化虚拟仪器。现场总线、工业以太网和因特网为共享测试系统资源提供了支持。工业现场总线是一个网络通信标准,它使得不同厂家的产品通过通信总线使用共同的协议进行通信。现在,各种现场总线在不同行业均有一定应用;工业以太网也有望进入工业现场,应用前景广阔;因特网已经深入各行各业乃至千家万户。通过 Web 浏览器可以对测试过程进行观测,可以通过因特网操作仪器设备,方便地将虚拟仪器组成计算机网络。利用网络技术将分散在不同地理位置不同功能的测试设备联系在一起,使昂贵的硬件设备、软件在网络上得以共享,减少了设备重复投资。现在,有关 MCN(Measurement and Control Networks)方面的标准已经取得了一定进展。

4)虚拟仪器的优势

①性能高。虚拟仪器技术是在计算机技术的基础上发展起来的,所以完全继承了以现成即用的计算机技术为主导的最新商业技术的优点,包括功能超卓的处理器和文件 I/O,在数据高速导入磁盘的同时就能实时进行复杂的分析。随着数据传输到硬驱功能的不断加强,以及与计算机总线的结合,高速数据记录已经较少依赖大容量的本地内存,就能以高达 100MB/s 的速度将数据导入磁盘。

此外,越来越快的计算机网络使得虚拟仪器技术展现更强大的优势,使数据分享进入了一个全新的阶段,将因特网和虚拟仪器技术相结合,能够轻松地发布测量结果到世界上的任何地方。

②扩展性强。虚拟仪器现有软硬件工具使得工程师和科学家们不再圈囿于当前的技术中。基于软件的灵活性,只需更新计算机或测量硬件,就能以最少的硬件投资和极少的、甚至无需软件上的升级即可改进整个系统。可以将最新科技集成到现有的测量设备,最终以较少的成本加速产品上市的时间。

③开发时间少。在驱动和应用两个层面上,高效的软件构架能与计算机、仪器仪表和通信方面的最新技术结合在一起。虚拟仪器这一软件构架的初衷就是为了方便用户的操作,提供灵活和强大的功能,使用户轻松地配置、创建、发布、维护和修改高性能、低成本的测量和控制解决方案。

④出色的集成。虚拟仪器技术从本质上说是一个集成的软硬件概念。随着测试系统在功能上不断趋于复杂,通常需要集成多个测量设备来满足完整的测试需求,而连接和集成这些不同设备总是要耗费大量的时间,不是轻易可以完成的。

虚拟仪器软件平台为所有的 I/O 设备提供了标准的接口,例如数据采集、视觉、运动和分布式 I/O 等,帮助用户轻松地将多个测量设备集成到单个系统,减少了任务的复杂性。

为了获得最高的性能、简单的开发过程和系统层面上的协调,这些不同的设备必须保持其独立性,同时还要紧密地集成在一起。虚拟仪器的发展可以快速创建测试系统,并随着要求的改变轻松地完成对系统的修改,使测试系统更具竞争性,可以更高效地设计和测量高质量的产品,并将它们更快速地投入市场。

虚拟仪器与传统仪器的性能比较如表 9.2 所示。

表 9.2　虚拟仪器与传统仪器的性能比较

虚拟仪器	传统仪器
开发和维护费低	开发和维护费用高
技术更新周期短(0.5(1 年)	技术更新周期长(5(10 年)
软件是关键	硬件是关键
价格低	价格昂贵
开放灵活,与计算机同步,可重复用和重配置	固定
可用网络联络周边各仪器	只可连有限的设备
自动、智能化、远距离传输	功能专一,操作不便

5)虚拟仪器的编程软件 LabVIEW 介绍

LabVIEW 是实验室虚拟仪器集成环境(Laboratory Virtual Instrument Engineering Work Bench)的简称,是美国国家仪器公司(National Instruments,简称 NI)的创新软件产品。它是一种图形化的编程环境,使用图形化的符号来创建程序(通过连线把函数节点连接起来,数据就是在这些连线上流动的);传统文本编程语言根据语句和指令的先后顺序决定程序执行顺序,而 LabVIEW 则采用数据流编程方式,程序框图中节点之间的数据流向决定了程序的执行顺序。它用图标表示函数,用连线表示数据流向。

LabVIEW 的用户称图形化编程语言之为"G"语言(取自 Graphical),使用这种语言编程时,基本上不写程序代码,取而代之的是流程图。它尽可能利用了技术人员、科学家、工程师所熟悉的术语、图标和概念,因此,LabVIEW 是一个面向最终用户的工具。它具有直观、易学易用的特点,在测试测量、控制、仿真等领域已经广泛应用。

所有的 LabVIEW 应用程序,即虚拟仪器(VI),它包括前面板(front panel)、流程图(block diagram)以及图标/连结器(icon/connector)三部分。典型的 LabVIEW 程序结构如图 9.12 所示,与大多数界面设计软件一样,要构建一个 LabVIEW 程序首先需根据用户需求制定合适的界面,这个界面主要是在前面板中设计,包括放置各种输入输出控件、说明文字和图片等,然后就是在程序框图中进行编程以实现具体的功能。在实际的设计中,通常是以上两步骤的交叉执行。

图 9.12　LabVIEW 程序结构

前面板有控制(Control)、指示(Indicator)、修饰(Decoration)作用,前面板中的控制和指示统称为前面板对象或控件。程序框图由节点(Node)、数据连线(Wire)等组成。节点有功能函数(Functions)、结构(Structures)、代码接口节点(CIN)、子VI(SubVI)。数据端口有控制端口、指示端口和节点端口。LabVIEW编程又称为"数据流编程"。图标/连接端口(Icon/Terminal)把VI作为一个子VI在其他VI中调用。LabVIEW的前面板和框图程序如图9.13所示。

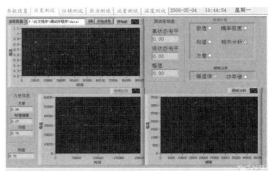

（a）LabVIEW的前面板

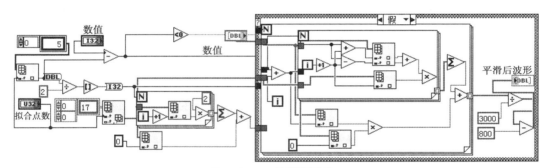

（b）LabVIEW的程序框图

图9.13　LabVIEW的前面板和程序框图

（2）自动温度采集系统的设计

1）所需设备、工具

①1人1组,每组1台计算机,另有PCI-6251数据采集卡、ELVIS教学仪器套件。

②电脑预装有LabVIEW、ELVIS软件,并装有常用中文输入法。

③设计文件可以通过教师收取。

④温度传感器(提供两种:NTC热敏电阻和LM35集成温度传感器)

2）实训要求

实训要求如下:

①完成自动温度采集系统平台的构建。

②完成温度信号采集硬件电路的设计与搭试。

③完成室内温度信号的实时采集与历史趋势图显示。

④实现温度越限报警功能,当温度超过30℃,工作指示灯由绿灯变为红灯。

⑤实现温度采集信号的数据保存。

⑥系统前面板设计美观友好,参见图9.14。

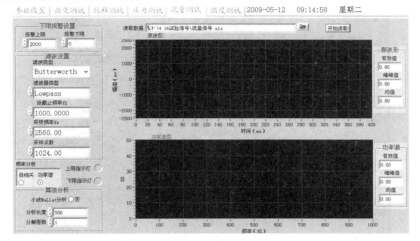

图9.14 系统前面板

(3) LabVIEW 测试系统试验

将虚拟仪器与液压实验台相连,选择好工况、测点,安装好传感器,调试处理好后开始采集数据,对数据进行采集、显示、保存和分析。本文设计的实验台是针对机械测试系统而开发的,具有通用性,可以满足很多机械量测试试验的需求,所以本文选择具有典型性的位移、压力、流量信号进行采集和分析处理。

现针对信息获取实验台液压回路在正常工况下进行位移、压力、流量信号采集,并对信号进行波形显示和分析。做出随时间变化的波形曲线,通过波形显示和分析结果,从而验证本开发平台数据显示程序的正确性和有效性。

传感器位置布置及示意图如图9.15所示。

①电阻应变式压力传感器(BPR - 39);②涡轮流量传感器(LWZY - 010732651103);③霍尔电压传感器(HNV025A);④霍尔电流传感器(HNC - 50LA);⑤电涡流位移传感器1(CWY - DO - 504);⑥电涡流位移传感器2(CWY - DO - 504);⑦温度传感器(PT100);⑧压电式压力传感器1(CY - YD - 205,灵敏度:13.76pC/10^5Pa,静标);⑨压电式压力传感器2(CY - YD - 205,灵敏度:13.08pC/10^5Pa,静标);⑩压电式加速度传感器(CY - YD - 113,灵敏度:1.01pC/m·s^{-2})。

测量压力时,用到的实验器材包括:YE3817 应变放大器,BPR - 39 电阻应变式压力传感器,电桥盒 YE29003,液压动力系统多源诊断信息获取实验台,NI 的 PXI 虚拟仪器测试系统。

测量流量时,用到的实验器材包括 WD 型 24V 稳压电源,LWZY - 010732651103 型涡轮流量传感器,液压动力系统多源诊断信息获取实验台,NI 的 PXI 虚拟仪器测试系统。

测量位移时,用到的实验器材包括电涡流位移传感器1(CWY - DO - 504),信号采集 A/D 转换箱,液压动力系统多源诊断信息获取实验台,NI 的 PXI 虚拟仪器测试系统。

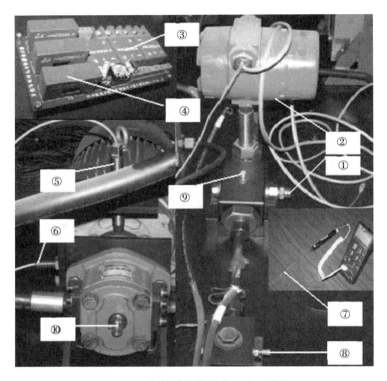

图 9.15　各传感器位置布置及示意图

思考与练习

(1)传感器新技术的发展主要有哪几个方面?

(2)试述常规无损检测技术和无损检测诊断新技术有哪些? 各利用什么原理?

(3)多传感器融合技术的意义和作用是什么? 有哪些常用的数据融合方法?

(4)传感器网络的主要功能与特点有哪些?

(5)传感器网络可应用在哪些场合? 试述它与现有网络技术的区别。

项目 **10**

传感器综合实训

　　DC610 型现代检测技术综合实训台装置的实验实训项目可分为基础原理性、设计开放性、扩展应用性三个层次。利用此套设备,学生不仅可以通过外观正确地判断出传感器的类型,还可以借助教学仪器平台了解传感器的工作特性,以及用测量仪器判断传感器是否发生故障,印证在课堂上学到的理论知识。通过设计、计算、连线、调试等环节,锻炼学生的思考能力和动手能力,进而使课堂所学的传感器知识达到融会贯通、应用自如的目的。

任务 10.1　金属箔式应变片——单臂电桥性能实验

10.1.1　实验目的

了解金属箔式应变片的应变效应,单臂电桥工作原理和性能。

10.1.2　基本原理

电阻应变式传感器是在弹性元件上通过特定工艺粘贴电阻应变片组成的,是一种利用电阻材料的应变效应及工程结构件的内部变形转化为电阻值变化的传感器。此类传感器的主要工作过程是通过一定的机械装置将被测量转化成弹性元件的形变,然后由电阻应变片将弹性元件的形变转化为自身电阻值的变化,最后通过测量电路将电阻的变化转换成电压或者电流信号的变化并输出。这种传感器可用于能够转化成形变的各种物理量的测量。

（1）应变片的电阻应变效应

具有规则外形的金属导体或半导体材料在外力的作用下产生形变而其电阻值也会随之产生相应的改变,这一物理现象称为电阻应变效应。

以圆柱形导体为例,设其长为 L,半径为 r,截面积为 A,材料的电阻率为 ρ 时,根据电阻的定义式可得

$$R = \rho \frac{L}{A} = \rho \frac{L}{\pi r^2} \qquad (10.1)$$

当导体因某种原因产生应变时,其长度 L,截面积 A 和电阻率 ρ 的变化为 d_L、d_A、d_ρ,相应的电阻变化为 d_R。对式(10.1)全微分得电阻变化率 d_R / R 为:

$$\frac{\mathrm{d}_R}{R} = \frac{\mathrm{d}_L}{L} - 2\frac{\mathrm{d}_r}{r} + \frac{\mathrm{d}_\rho}{\rho} \qquad (10.2)$$

式中,d_L / L 为导体的轴向应变量 ε_L;d_r / r 为导体的横向应变量 ε_r。

由材料力学可知:

$$\varepsilon_L = -\mu\varepsilon_r \qquad (10.3)$$

式中,μ 为材料的泊松比,大多数金属材料的泊松比为 $0.3 \sim 0.5$,负号表示两者的变化方向相反。将式(10.3)代入式(10.2)得:

$$\frac{\mathrm{d}_R}{R} = (1 + 2\mu)\varepsilon + \frac{\mathrm{d}\rho}{\rho} \qquad (10.4)$$

式(10.4)说明电阻应变效应主要取决于它的几何应变(几何效应)和本身特有的导电性能(压阻效应)。

(2)应变灵敏度

应变灵敏度是指电阻应变片在单位应变作用下所产生的电阻值的相对变化量。

1)金属导体的应变灵敏度 K 主要取决于其几何效应,取

$$\frac{\mathrm{d}_R}{R} = (1 + 2\mu)\varepsilon_L \qquad (10.5)$$

其灵敏度系数为:

$$K = \frac{\mathrm{d}_R}{\varepsilon_L R} = (1 + 2\mu) \qquad (10.6)$$

金属导体在受到应变作用时将产生电阻值的变化,拉伸时电阻值增大,压缩时电阻值减小,且电阻值与其轴向的应变成正比。金属导体的应变灵敏度一般在 2 左右。

2)半导体材料之所以具有较大的电阻变化率,是因为它具有远比金属导体显著得多的压阻效应。在半导体受力产生形变时会暂时改变晶体结构的对称性,从而改变了半导体的导电机理,使得它的电阻率发生变化,这种物理变化就称之为半导体的压阻效应。不同材质的半导体材料在不同受力条件下产生的压阻效应不同,可以是正的也可以是负的。也就是说,同样是拉伸变形,不同材质的半导体将得到完全相反的电阻变化效果。

半导体材料的电阻应变效应主要体现为压阻效应,其灵敏度系数较大,一般在 $100 \sim 200$。半导体应变片一般采用 N 型单晶硅为传感器的弹性元件,在它上面直接蒸镀扩散出半导体电阻应变薄膜(扩散出敏感栅),制成扩散型压阻式(压阻效应)传感器。

(3)贴片式应变片的应用

由于半导体应变片温漂、稳定性、线性度不好,且易损坏,所以在贴片式工艺的传感器上普遍应用金属箔式应变片,很少使用贴片半导体应变片。

本实验的研究对象是金属箔式应变片。

(4)箔式应变片的基本结构

金属箔式应变片是在用苯酚、环氧树脂等绝缘材料的基板上,粘贴直径为 0.025 mm 左右

的金属丝或者金属箔制成,如图 10.1 所示。

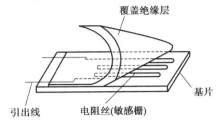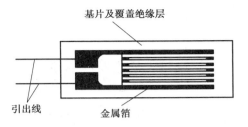

图 10.1　应变片结构图

金属箔式应变片是通过光刻、腐蚀等工艺制成应变敏感元件,与丝式应变片工作原理相同,即电阻丝在外力的作用下发生机械形变时,其电阻值随之发生变化,即电阻应变效应。描述电阻应变效应的关系式为 $\Delta R / R = K \varepsilon$。式中 $\Delta R / R$ 为电阻丝电阻的相对变化,K 为应变灵敏系数,$\varepsilon = \Delta L / L$ 为电阻丝长度相对变化。

(5)测量电路

为了将电阻应变式传感器的电阻变化转化成电压或者电流信号,在应用中一般采用电桥电路作为测量电路。电桥电路具有结构简单、灵敏度高、测量范围宽、线性度好且易实现温度补偿等优点。能较好地满足各种应变测量要求,因此在应变的测量中得到了广泛应用。

电路电桥按其工作方式分有单臂、半桥、全桥三种,单臂电桥工作输出信号最小,线性、稳定性较差;双臂电桥输出的信号值是单臂电桥输出信号值的两倍,性能比单臂有所改善;全桥工作时输出的信号值是单臂电桥输出信号值的四倍,其性能最好。因此,为了得到较大的输出电压一般采用半桥或者全桥作为电阻式应变片的测量电路。基本电路如图 10.2 所示。

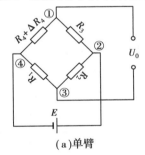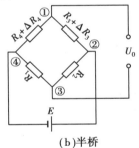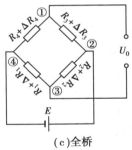

(a)单臂　　　　　　　　(b)半桥　　　　　　　　(c)全桥

图 10.2　应变片测量电路

a)单臂

$$U_{\mathrm{o}} = U_{①} - U_{③} = \left[\frac{R_4 + \Delta R_4}{R_4 + \Delta R_4 + R_3} - \frac{R_1}{R_1 + R_2} \right] E = \frac{(R_1 + R_2)(R_4 + \Delta R_4) - R_1(R_3 + R_4 + \Delta R_4)}{(R_3 + R_4 + \Delta R_4)(R_1 + R_2)} E$$

$$(10.7)$$

设 $R_1 = R_2 = R_3 = R_4$,且 $\Delta R_4 / R_4 = \Delta R / R \ll 1$,$\Delta R / R = K \varepsilon$,$K$ 为灵敏度系数,则

$$U_{\mathrm{o}} \approx \frac{1}{4} \frac{\Delta R_4}{R_4} E = \frac{1}{4} \frac{\Delta R}{R} E = \frac{1}{4} K \varepsilon E \qquad (10.8)$$

b)半桥
同理可得

$$U_{\mathrm{o}} \approx \frac{1}{2} K \varepsilon E \qquad (10.9)$$

c）全桥

同理可得

$$U_o \approx K\varepsilon E \tag{10.10}$$

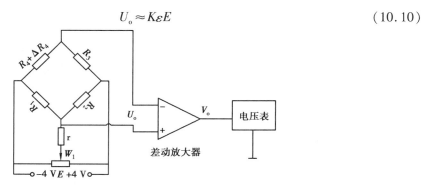

图 10.3　应变片单臂电桥实验原理图

（6）箔式应变片单臂电桥实验原理图

图 10.3 中，R_1、R_2、R_3 均为 350 Ω 固定电阻，R_4 为应变片；W_1 和 r 组成电桥调平衡网络，E 为供桥电源 ±4 V。桥路输出电压 $U_o \approx (1/4)K\varepsilon E$，差动放大器输出为 V_o。

10.1.3　需用器件与单元

应变式传感器实验模块、砝码、托盘、电压表、直流稳压电源（±15 V）、可调直流稳压电源（±4 V）、万用表。

10.1.4　实验步骤

（1）检查应变传感器的安装

如图 10.4 所示应变式传感器已装于应变传感器模块上，将托盘固定到电子秤支柱上。实验模板如图 10.5 所示，传感器中各应变片已接入模块的左上方的 R_1、R_2、R_3、R_4。没有文字标记的 5 个电阻符号是空的无实体，其中 4 个电阻符号组成的电桥模型是为了电路初学者组成电桥接线方便而设。加热丝也接于模块上，可用万用表进行测量判别，加热丝初始阻值为 20～50 Ω，各应变片初始阻值 $R_1 = R_2 = R_3 = R_4 = 350 \pm 2$ Ω，R_5、R_6、R_7 是 350 Ω 固定电阻，是为应变片组成单臂、半桥电桥而设的其他桥臂电阻。

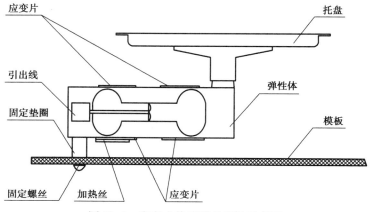

图 10.4　应变式传感器的安装示意图

（2）差动放大器的调零

①首先将实验模块调节增益电位器 Rw3 顺时针旋转到底（即此时放大器增益最大）；

②将差动放大器的正、负输入端相连并与地短接，输出端与主控台上的电压表输入端 V_i 相连；

③检查无误后从主控台上接 ±15 V 模块电源以及地线；

④合上主控台电源开关，调节实验模块上的调零电位器 Rw4，使电压表显示为零（电压表的量程切换开关打到 2 V 档）；

⑤关闭主控箱电源。

注意：Rw4 的位置一旦确定，就不能改变，一直到做完实验为止。

（3）电桥调零

①适当调小增益 Rw3（逆时针旋转 1～2 圈，电位器最大可顺时针旋转 5 圈左右）；

②将应变式传感器的其中一个应变片 R_1（即模块左上方的 R_1）接入电桥作为一个桥臂与 R_5、R_6、R_7 接成直流电桥（R_5、R_6、R_7 模块内已连接好，其中模块上虚线电阻符号为示意符号，没有实际的电阻存在）；

③按图 10.5 所示完成接线；

④给桥路接入 ±4 V 电源（从主控箱电压选择处引入），同时将模块右上角拨段开关拨至左边"直流"档（直流档和交流档调零电阻阻值不同）；

⑤检查接线无误后，合上主电源开关，调节电桥调零电位器 Rw1，使电压表显示为零。

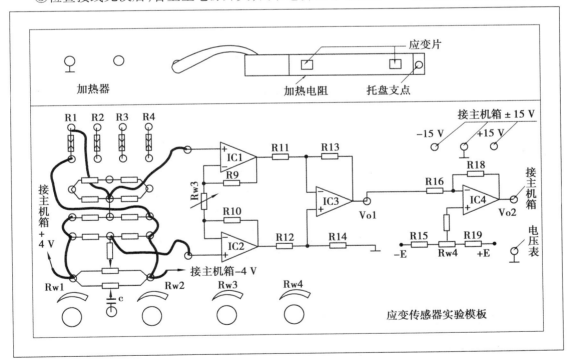

图 10.5　应变式传感器单臂电桥实验接线图

（4）测量并记录

在电子秤托盘上逐个增加标准砝码，读取并记录电压表数值，直到 10 只砝码加完，将实验结果填入表 10.1。

表 10.1　单臂电桥输出电压与加负载质量值

质量/g							
电压/mV							

（5）计算灵敏度和误差

根据表 10.1 所测数据计算系统灵敏度 K，$K = \Delta u / \Delta W$，Δu 为输出电压变化量，ΔW 为质量变化量；计算非线性误差 γL，$\gamma L = \dfrac{\Delta L_{max}}{y_{FS}} \times 100\%$，式中 ΔL_{max} 为输出值（多次测量时为平均值）与拟合直线的最大偏差，y_{FS} 为满量程输出平均值，此处为 500 g 或 200 g。

（6）实验完毕，关闭主电源，整理器件及导线。

10.1.5　注意事项

①如出现零漂现象，则是应变片在供电电压下，应变片本身通过电流所形成的应变片温度效应的影响，可观察零漂数值的变化，稍等 1～5 分钟，若调零后数值稳定下来，表示应变片已处于工作状态。

②若数值还是不稳定，电压表读数出现随机跳变情况，可再次观察确认各实验线的连接是否牢靠，且保证实验过程中尽量不接触实验线，另外，由于应变实验增益比较大，导线陈旧或老化后产生线间电容效应，也会产生此现象，可使用屏蔽实验线接电桥部分电路来减少干扰。

③因应变实验差动放大器放大倍数很高，应变传感器实验模块对各种信号干扰很敏感，所以在用应变模块做实验时模块周围尽量不要放置有无线数据交换的设备，例如正在无线上网的手机、平板、笔记本等电子设备。

10.1.6　思考题

做单臂电桥实验时，作为桥臂电阻应变片应选用哪一种？
①正（受拉）应变片；②负（受压）应变片；③正、负应变片均可。

任务 10.2　金属箔式应变片——全桥性能实验

10.2.1　实验目的

了解全桥测量电路的工作特点及性能。

10.2.2　基本原理

全桥测量电路中，将受力性质相同的两应变片接入电桥对边，受力方向不同的接入邻边，假设应变片初始阻值 $R_1 = R_2 = R_3 = R_4$，其变化值 $\Delta R_1 = \Delta R_2 = \Delta R_3 = \Delta R_4$ 时，得其桥路输出电压 $U_o = (1/2)K \varepsilon E$。其输出灵敏度比半桥提高了一倍，非线性误差和温度误差均得到改善。

应变片全桥特性实验原理图如图 10.6 所示。

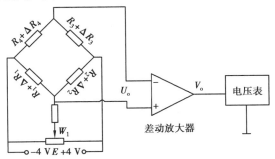

图 10.6　应变片全桥特性实验原理图

10.2.3　需用器件和单元

应变式传感器实验模块、砝码、托盘、电压表、直流稳压电源(±15 V)、可调直流稳压电源(±4 V)。

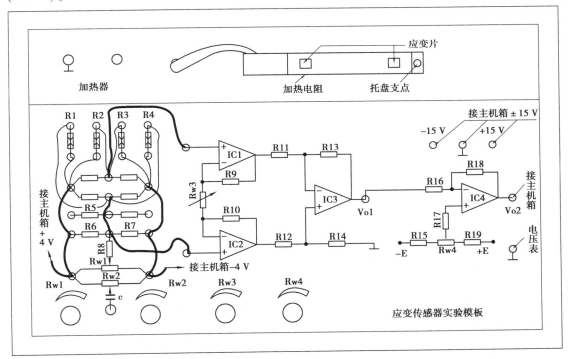

图 10.7　全桥实验接线图

10.2.4　实验步骤

①首先将实验模块调节增益电位器 Rw3 顺时针旋转到底(即此时放大器增益最大),然后将差动放大器的正、负输入端相连并与地短接,输出端与主控台上的电压表输入端 V_i 相连。检查无误后从主控台上接入 ±15 V 模块电源以及地线。合上主控台电源开关,调节实验模块上的调零电位器 Rw4,使电压表显示为零(电压表的量程切换开关打到 2 V 档),关闭主

控箱电源。

注意：Rw4 的位置一旦确定，就不能改变，一直到做完实验为止。

②按图 10.7 所示接线，将托盘固定到电子秤支柱上。在全桥测量电路中，将受力性质相同的两应变片接入电桥对边，不同的接入邻边。给桥路接入 ±4 V 电源，确认模块右上角拨段开关拨至左边"直流"档。检查连线无误后，合上主控箱电源，调节电桥调零电位器 Rw1 进行桥路调零，然后逐个轻放标准砝码，将实验数据记入表 10.2。

表 10.2　全桥输出电压与加负载质量值

质量/g							
电压/mV							

③根据表 10.2 所测数据计算系统灵敏度 K，$K = \Delta u / \Delta W$，Δu 为输出电压变化量，ΔW 为质量变化量；计算非线性误差 γL，$\gamma L = \dfrac{\Delta L_{max}}{y_{FS}} \times 100\%$，式中 ΔL_{max} 为输出值（多次测量时为平均值）与拟合直线的最大偏差，y_{FS} 为满量程输出平均值。

④实验完毕，关闭主电源。

10.2.5　思考题

测量中，当两组对边电阻值相同，即 $R_1 = R_3$，$R_2 = R_4$，而 $R_1 \neq R_2$ 时，是否可以组成全桥？

任务 10.3　电容式传感器的位移特性实验

10.3.1　实验目的

了解电容式传感器结构及特点。

10.3.2　基本原理

①利用电容量公式 $C = \varepsilon A / d$，通过相应的结构和测量电路可以使 ε、A、d 三个参数中的二个参数保持不变，只改变其中一个参数，就可将被测量转换为电容量的变化，例如可以测谷物干燥度（ε 变）、测位移（d 变）和测量液位（A 变）等。本实验采用的传感器为圆筒式变面积差动结构的电容式位移传感器，如图 10.8 所示。

 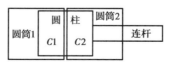

图 10.8　电容传感器结构示意图

它是由二个圆筒和一个圆柱组成的，设圆筒的半径为 R，圆柱的半径为 r，圆柱的长为 X，则电容量为 $C = 2\pi\varepsilon X / \ln(R/r)$。图 10.8 中，$C_1$、$C_2$ 是差动连接，当圆柱产生 ΔX 位移时，电容量的变化量为 $\Delta C = C_1 - C_2 = 2\pi\varepsilon 2\Delta X / \ln(R/r)$，式中 $2\pi\varepsilon$、$\ln(R/r)$ 为常数，说明 ΔC 与位移 ΔX 成正比，配上配套测量电路就能实现对位移的测量。

178

②测量电路核心部分是图 10.9 所示的二极管环路充放电电路。环形充放电电路由二极管 D_3、D_4、D_5、D_6、电容 C_4、电感 L_1 以及差动式电容传感器 C_{x1}、C_{x2} 组成。

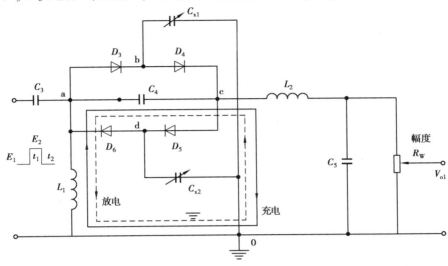

图 10.9　二极管环路充放电电路

当高频激励电压($f > 100$ kHz)输入到 a 点,由低电平 E_1 阶跃到高电平 E_2 时,电容 C_{x1}、C_{x2} 两端电压均由 E_1 充电到 E_2。充电电荷一路由 a 点经 D_3 到 b 点,再对 C_{x1} 充电到 O 点(地);另一路由 a 点经 C_4 到 c 点,再经 D_5 到 d 点对 C_{x2} 充电到 O 点,此时,D_4 和 D_6 由于反偏置而截止。在 t1 充电时间内,由 a 点到 c 点的电荷量为:$Q_1 = C_{x2}(E_2 - E_1)$。

当高频激励电压由高电平 E_2 返回低电平 E_1 时,电容 C_{x1}、C_{x2} 均放电。C_{x1} 经 b 点、D_4、c 点、C_4、a 点、L_1 放电到 O 点;C_{x2} 经 d 点、D_6、L_1 放电到 O 点。在 t2 时间内由 c 点到 a 点的电荷量为:$Q_2 = C_{x1}(E_2 - E_1)$。

Q_1、Q_2 是在 C_4 的电容值远远大于传感器 C_{x1}、C_{x2} 的前提下得到的结果。电容 C_4 的充放电回路由图 10.9 中实线、虚线箭头所示。在一个充放电周期($T = t_1 + t_2$)内,由 c 点到 a 点的电荷量为:

$$Q = Q_2 - Q_1 = (C_{x1} - C_{x2})(E_2 - E_1) = \Delta C_X \Delta E \tag{10.11}$$

式(10.11)中,ΔE 为激励电压幅值;ΔC_X 为传感器的电容变化量。由此可以看出,f、ΔE 一定时,输出平均电流 i 经电路中的电感 L_2、电容 C_5 滤波变为直流 I 输出,再经过 R_W 转换成电压输出 $V_{o1} = IR_W$。由传感器原理知 ΔC 与 ΔX 位移成正比,所以通过测量电路的输出电压 V_{o1} 就可知 ΔX 位移。

③电容式位移传感器实验方块图如图 10.10 所示:

图 10.10　电容式位移传感器实验方块图

10.3.3　需用器件与单元

±15 V 直流稳压电源、电容传感器及连线、电容传感器实验模板、测微头,紧固螺钉、电压/频率表。

10.3.4 实验步骤

①按图 10.11 所示连线并将电容传感器、测微头装于电容传感器实验模块上。

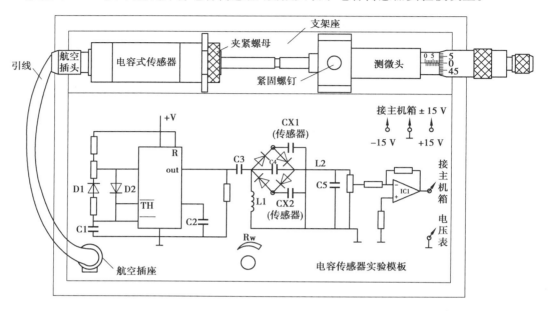

图 10.11 电容传感器位移实验安装接线图

②检查无误后开启主控箱电源,调节测微头位置使电容传感器动杆大致处于可移动范围的中间位置后拧紧螺钉固定,电压/频率表量程选择 20 V 档,然后旋动测微头改变电容传感器动极板位置使电压表显示 0 V,再向同一方向转动测微头至电压显示绝对值最大处,记录此时的测微头读数和电压表示数为实验起点,以后反方向转动测微头每隔 0.5 mm 记下位移 X 与输出电压值(这样单行程位移方向做实验可以消除测微头的回差),填入表 10.3。

表 10.3 电容传感器位移与输出电压值

X/mm									
V/mV									

③根据表 10.3 数据计算电容传感器的系统灵敏度 K 和非线性误差 γL。
④实验完毕,关闭主电源。

任务 10.4 电涡流传感器位移特性实验

10.4.1 实验目的

了解电涡流传感器测量位移的工作原理和特性。

10.4.2　基本原理

电涡流式传感器是一种建立在电涡流效应原理上的传感器。电涡流式传感器由传感器线圈和被测体(导电体—金属涡流片)组成,结构如图 10.12 所示。根据电磁感应原理,当传感器线圈通以交变电流 i_1(频率较高,一般为 1 MHz～2 MHz)时,线圈周围空间会产生交变磁场 H_1,当线圈平面靠近某一导体面时,由于线圈磁通链穿过导体,使导体表层感应出呈旋涡状且自行闭合的电流 i_2,而感应电流 i_2 所形成的磁通链又穿过传感器线圈,这样线圈与涡流线圈形成了具有一定耦合的互感,最终原线圈反馈一个等效的电感,从而导致传感器线圈的阻抗 Z 发生变化。可以把被测导体上形成的电涡流等效成一个短路环,这样就可以得到图 10.13 所示的等效电路。

图 10.13 中,R_1、L_1 为传感器线圈的电阻和电感。短路环可以认为是一匝短路线圈,其电阻为 R_2、电感为 L_2。线圈与导体间存在一个互感 M,它随线圈与导体间距的减小而增大。

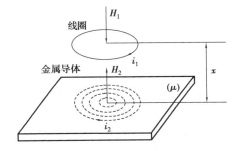

图 10.12　电涡流传感器原理图

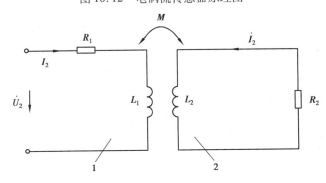

图 10.13　电涡流传感器等效电路图

1—传感器线圈;2—电涡流短路环

根据等效电路可列出电路方程组:

$$\begin{cases} R_2 \dot{I}_2 + j\omega L_2 \dot{I}_2 - j\omega M \dot{I}_1 = 0 \\ R_1 \dot{I}_1 + j\omega L_1 \dot{I}_1 - j\omega M \dot{I}_2 = \dot{U}_1 \end{cases} \tag{10.12}$$

通过解方程组,可得 I_1、I_2。因此传感器线圈的等效阻抗 Z 为:

$$Z = \frac{\dot{U}_1}{\dot{I}_1} = \left[R_1 + \frac{\omega^2 M^2}{R_2^2 + (\omega L_2)^2} R_2 \right] + j\left[\omega L_1 - \frac{\omega^2 M^2}{R_2^2 + (\omega L_2)^2} \omega L_2 \right] \tag{10.13}$$

线圈的等效电感为:

$$L = L_1 - L_2 \frac{\omega^2 M^2}{R_2^2 + (\omega L_2)^2} \tag{10.14}$$

线圈的等效 Q 值为:

$$Q = Q_0 \left[\left(1 - \frac{L_2 \omega^2 M^2}{L_1 Z_2^2} \right) \Big/ \left(1 + \frac{R_2 \omega^2 M^2}{R_1 Z_2^2} \right) \right] \tag{10.15}$$

式中,Q_0 为无涡流影响下线圈的 Q 值,$Q_0 = \omega L_1 / R_1$;Z_2^2 为金属导体中产生电涡流部分的阻抗,$Z_2^2 = R_2^2 + \omega^2 L_2^2$。

由式 Z、L、Q 可看出,线圈与金属导体系统的阻抗 Z、电感 L、品质因数 Q 值都是该系统互感系数平方的函数,而从麦克斯韦互感系数的基本公式出发,可得互感系数是线圈与金属导体间距离 $x(H)$ 非线性函数,因此 Z、L、Q 均是 x 的非线性函数。虽然它整个函数是非线性的 S 型曲线,但可以选取其中近似为线性的一段。Z、L、Q 的变化与导体间的距离有关,如果控制上述参数中的一个参数改变,而其他参数不变,则阻抗就成为这个变化参数的单值函数。当电涡流线圈、金属涡流片以及激励源确定后,保持环境温度不变,则阻抗 Z 只与距离 x 有关。于是,可通过传感器的调理电路(前置器)处理,将线圈阻抗 Z、L、Q 的变化转化成电压或者电流的变化输出,输出信号的大小随探头到被测体表面之间的间距而变化,电涡流传感器就是根据这一原理实现对金属物体的位移、振动等参数的测量。

为实现电涡流位移测量,必须有一个专门的测量电路。这一测量电路(前置器)应包括具有一定频率的稳定的震荡器和一个检波电路等。电涡流传感器位移测量实验框图如图 10.14 所示。

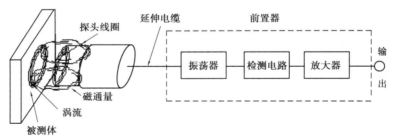

图 10.14　电涡流位移特性实验原理框图

根据电涡流传感器的基本原理,将传感器与被测体间的距离变换为传感器的 Q 值、等效阻抗 Z 和等效电感 L 三个参数,用相应的测量电路来测量。

本实验的涡流变换器为变频调幅式测量电路,电路原理如图 10.15 所示。

电路组成:

①Q_1、C_1、C_2、C_3 组成电容三点式振荡器,产生频率为 1 MHz 左右的正弦载波信号。电涡流传感器接在振荡回路中,传感器线圈是振荡回路的一个电感元件。振荡器的作用是将位移变化引起的振荡回路的 Q 值变化转换成高频载波信号的幅值变化。

②D_1、C_5、L_2、C_6 组成由二极管和 LC 形成的 π 形滤波的检波器。检波器的作用是将高频调幅信号中传感器检测到的低频信号取出来。

③Q_2 组成射极跟随器。射极跟随器的作用是输入、输出匹配以获得尽可能大的不失真输出的幅度值。

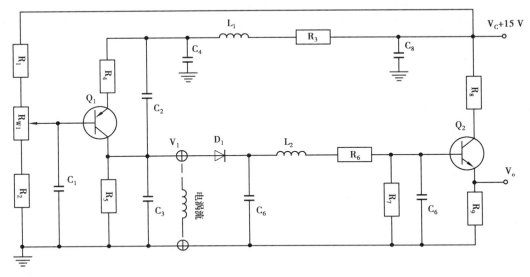

图 10.15　电涡流变换器原理图

电涡流传感器是通过传感器端部线圈与被测物体间的间隙变化来测物体的振动相对位移量和静位移的,它与被测物之间没有直接的机械接触,具有很宽的使用频率范围(0 ~ 10 Hz)。当无被测导体时,振荡器回路谐振为 f_0,传感器端部线圈 Q_0 为定值且最高,对应的检波输出电压 V_0 最大。当被测导体接近传感器线圈时,线圈 Q 值发生变化,振荡器的谐振频率发生变化,谐振曲线变得平坦,检波出的幅值 V_0 变小。V_0 变化反映了位移 x 的变化。电涡流传感器在位移、振动、转速、探伤、厚度测量上都得到广泛应用。

10.4.3　需用器件与单元

电涡流传感器实验模块、电涡流传感器、+ 15 V 直流稳压电源、电压表、测微头、紧固螺钉、铁圆片、螺丝刀。

10.4.4　实验步骤

①观察传感器结构,这是一个扁平绕线圈。

②根据图 10.16 所示安装电涡流传感器、测微头、铁圆片及连线。将电涡流传感器输出线接入模块上标有 Ti 的插孔中,作为振荡器的一个元件,在测微头端部装上铁质金属圆片,作为电涡流传感器的被测体。

③将实验模块输出端 V_0 与电压表输入端 V_i 相接。电压表量程选择 20 V 档。用连接导线从主控台接入 + 15 V 直流电源到模块上标有 + 15 V 的插孔中,同时主控台的"地"与实验模块的"地"相连。

④调节测微头使之与传感器线圈端部有机玻璃平面刚好水平接触,开启主控箱电源开

关,此时电压表读数应为零,向右旋动测微头使铁圆片慢慢远离传感器,然后每隔0.2 mm记录电压表读数,直到输出几乎不变为止(在传感器两端可接示波器观察振荡波形),将结果列入表10.4。

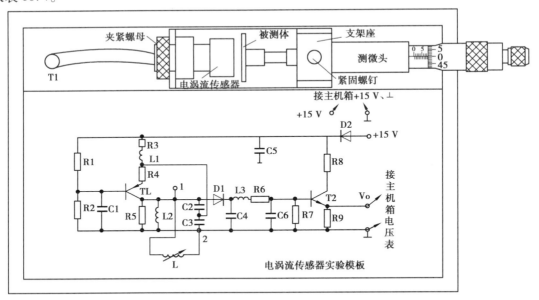

图 10.16 电涡流传感器安装示意图

表 10.4 电涡流传感器位移 X 与输出电压数据

X/mm								
V/V								

⑤根据表10.4测得的数据,画出 $V-X$ 曲线,找出所画曲线的线性区域及进行正、负位移测量时的最佳工作点,试计算量程为 1 mm、3 mm、5 mm 时的灵敏度和线性度(可以用端基法或其它拟合直线)。

⑥实验完毕,关闭主电源。

10.4.5 思考题

①电涡流传感器的量程与哪些因素有关,如果需要测量 ±5mm 的量程应如何设计传感器?

②用电涡流传感器进行非接触位移测量时,如何根据使用量程选用传感器?

任务 10.5 被测对象材质对电涡流传感器的特性影响实验

10.5.1 实验目的

了解不同的被测对象材料对电涡流传感器性能的影响。

10.5.2　基本原理

涡流效应与金属导体本身的电阻率和磁导率有关,因此不同的材料就会有不同的性能。

10.5.3　需用器件与单元

电涡流传感器实验模块、电涡流传感器、+15 V直流稳压电源、电压表、测微头、紧固螺钉、铁圆片、铜圆片、铝圆片、螺丝刀。

10.5.4　实验步骤

①传感器安装及连线同任务 10.4。
②将原铁圆片依次换成铝圆片和铜圆片。
③重复任务 10.4 实验步骤(4),进行被测体为铝圆片和铜圆片时的位移特性测试,分别记入表 10.5 和表 10.6。

表 10.5　被测体为铝圆片时的位移与输出电压数据

X/mm						
V/V						

表 10.6　被测体为铜圆片时的位移与输出电压数据

X/mm						
V/V						

④根据表 10.5 和表 10.6 分别计算量程为 1 mm 和 3 mm 时的灵敏度和非线性误差(线性度)。
⑤比较任务 10.4 和本任务所得的结果,在同一坐标上画出实验曲线进行比较,并进行小结。
⑥实验完毕,关闭主电源。

10.5.5　思考题

根据实验曲线分析应选用哪一个作为被测体为好? 并说明理由。

任务 10.6　直流激励时霍尔式传感器的位移特性实验

10.6.1　实验目的

了解霍尔式传感器原理与应用。

10.6.2　基本原理

霍尔传感器是一种基于霍尔效应原理工作的磁敏传感器,它将被测量的磁场变化(或以磁场为媒体)转换成电动势输出。由任务 8.1 可知,产生的霍尔电压表达式为 $U_H = K_H IB = R_H IB/d$。R_H 为霍尔常数,反映材料霍尔效应的强弱;K_H 为霍尔灵敏度,与材料的物理性质和几何尺寸有关。

霍尔传感器有霍尔元件和集成霍尔传感器两种类型。集成霍尔传感器是把霍尔元件、放大器等做在一个芯片上的集成电路型结构,与霍尔元件相比,它具有微型化、灵敏度高、可靠性高、寿命长、功耗低、负载能力强、使用方便等优点。

本实验采用的霍尔式位移传感器(小位移 1 mm ~ 2 mm)是由线性霍尔元件、永久磁钢组成,工作原理和实验电路原理分别如图 10.17(a)和(b)所示。

将磁场强度相同的两块永久磁钢同极性相对放置着,线性霍尔元件置于两者中点时,其磁感应强度为 0,设这个位置为位移的零点,即 $X = 0$,$B = 0$,故输出电压 $U_H = 0$。当霍尔元件沿 X 轴有位移时,$B \neq 0$,则有电压 U_H 输出,U_H 经差动放大器放大输出为 V。V 与 X 有一一对应关系。

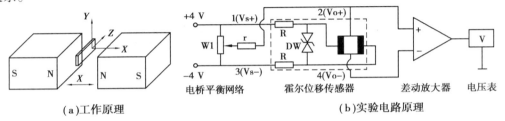

(a)工作原理　　　　　　　　　　(b)实验电路原理

图 10.17　霍尔式位移传感器工作原理图

注意:线性霍尔元件有四个引线端。涂黑两端是电源输入激励端,另外两端是输出端,接线时,电源输入激励端与输出端千万不能颠倒,激励电压也不能太大,否则霍尔元件就会损坏。

10.6.3　需用器件与单元

霍尔传感器实验模块、霍尔传感器及连接线、可调直流稳压源 ±4 V、直流稳压电源 ±15 V、测微头、紧固螺钉、电压表。

10.6.4　实验步骤

①将霍尔传感器按图 10.18 所示安装,调节测微头使微分筒轴套上的可见刻度在 10 mm 附近。接好 ±15 V 电源及地,霍尔传感器模块左侧接激励 ±4 V 电压,将 R_1 接入霍尔输出端后和另一输出端一起接差动放大器,差放输出接电压表。

②检查无误后开启主电源,调节测微头使霍尔片处在两磁钢中间位置,再调节平衡电位器 RW1(增益旋钮 RW3 旋至最大,电压表量程档位选择 20 V 档),使电压表示数为 0 V。

③同一方向转动测微头至电压显示绝对值最大处,记录此时的测微头读数和电压表示数作为实验起点,然后反方向转动测微头,每隔 0.2 mm 记下位移 X 与输出电压值(这样单行程位移方向做实验可以消除测微头的回差),直到读数近似不变,将数据填入表 10.7。

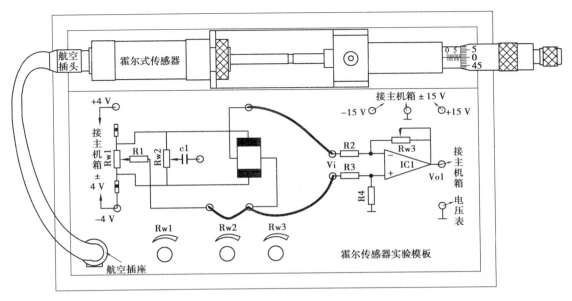

图 10.18 霍尔传感器安装示意图

表 10.7 霍尔传感器位移 X 与输出电压的关系

X/mm							
V/mV							

④作出 $V-X$ 曲线,分析曲线在不同线性范围时的灵敏度和非线性误差。

⑤实验完毕,关闭主电源。

10.6.5 思考题

本实验中霍尔元件位移的线性度实际上反映的是什么量的变化?

任务 10.7 霍尔测速实验

10.7.1 实验目的

了解开关式霍尔转速传感器的应用。

10.7.2 基本原理

开关式霍尔传感器是线性霍尔元件的输出信号经放大器放大,再经施密特电路整形成矩形波(开关信号)输出的传感器。利用霍尔效应表达式 $U_H = K_H IB$,当被测圆盘上装上 N 只磁性体时,圆盘每转一周,磁场就变化 N 次,霍尔电势也相应变化 N 次,输出电势通过放大、整形和计数电路就可以测得被测旋转物体的转速 n,$n = 60f/N$(n 的单位为 r/min)。

10.7.3 需用器件与单元

开关式霍尔转速传感器、+2~24 V 可调电源、转动源模块、转速表,+5 V 直流稳压电源、电压表。

10.7.4 实验步骤

①如图 10.19 所示,将霍尔转速传感器装于传感器支架上,探头对准反射面的磁钢,距离 2～3 mm 为宜。

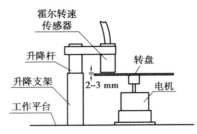

图 10.19 开关式霍尔传感器安装示意图

②霍尔转速传感器红线为电源输入端,接 +5 V 电压,蓝线为输出端,接转速表 fi,黑线接地。

③将 +2～24 V 可调电源输出接到电压表监测电压变化,并接到转动源的 +2～24 V 红色插孔,黑色插孔接地。

④将转速/频率表波段开关拨到转速档,此时数显表指示转速。

⑤开启主电源,根据电压表显示输入的电压,调节电压调整旋钮使电机带动转盘旋转,从 5 V 开始记录每增加 1 V 对应转速表显示的转速(待电机转速比较稳定后读取数据),观察电机转速的变化,画出电机的 $V-n$ 特性曲线。

10.7.5 思考题

①利用霍尔元件测转速,在测量上是否有限制?

②本实验装置上用了十二只磁钢,能否用一只磁钢,二者有什么区别呢?

任务 10.8 压电式传感器测量振动实验

10.8.1 实验目的

了解压电传感器的测量振动的原理和方法。

10.8.2 基本原理

压电式传感器是一种典型的发电型传感器,其传感元件是压电材料,它以压电材料的压电效应为转换机理实现力到电量的转换。压电式传感器可以对各种动态力、机械冲击和振动进行测量,在声学、医学、力学、导航方面都得到广泛的应用。

(1)压电效应

具有压电效应的材料称为压电材料,常见的压电材料有两类,第一类是压电单晶体,如石英、酒石酸钾钠等;第二类是人工多晶体压电陶瓷,如钛酸钡、锆钛酸铅等。

压电材料受到外力作用时,在发生变形的同时内部产生极化现象,它表面会产生符号相反的电荷。当外力去掉时,又重新回复到原不带电状态,当作用力的方向改变后电荷的极性也随之改变,这种现象称为压电效应。

(2)压电晶片及其等效电路

多晶体压电陶瓷的灵敏度比压电单晶体要高很多,压电传感器的压电元件是在两个工作面上蒸镀有金属膜的压电晶片,金属膜构成两个电极,如图 10.20(a)所示。当压电晶片受到力的作用时,便有电荷聚集在两极上,一面为正电荷一面为等量的负电荷。这种情况和电容器十分相似,所不同的是晶片表面上的电荷会随着时间的推移逐渐漏掉,是因为压电晶片材料的绝缘电阻虽然很大,但毕竟不是无穷大,从信号变换角度来看,压电元件相当于一个电容发生器。从结构上来看,它又是一个电容器。因此通常将压电元件等效为一个电荷源与电容相并联的电路,如 10.20(b)所示。其中 $e_a = Q/C_a$。式中 e_a 为压电晶片受力后所呈现的电压,也称为极板上的开路电压;Q 为压电晶片表面的电荷;C_a 为压电晶片的电容。

实际的压电传感器中,往往用两片或两片以上的压电晶片进行并联或串联。压电晶片并联时如图 10.20(c)所示,两晶片正极集中在中间极板上,负电极在两侧的电极上,因而电容量大,输出电荷量大,时间常数大,宜于测量缓变信号并以电荷量作为输出。

压电传感器的输出,理论上应当是压电晶片表面的电荷 Q。根据 10.20(b)可知测试中也可取等效电容 C_a 上的电压值作为压电传感器的输出。因此,压电式传感器就有电荷和电压两种输出形式。

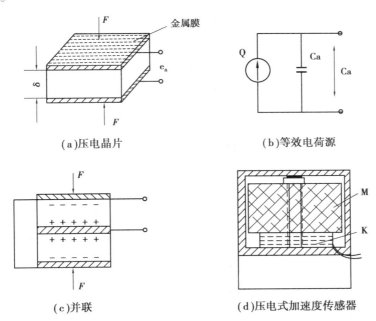

图 10.20　压电晶片及等效电路

(3)压电式加速度传感器

图 10.20(d)所示是压电式加速度传感器的结构图。图中,M 是惯性质量块,K 是压电晶片。压电式加速度传感器实质上是一个惯性力传感器。在压电晶片 K 上,放有质量块 M,当壳体随被测体一起振动时,作用在压电体上的力。当质量 M 一定时,压电晶体上产生的电

荷与加速度 a 成正比。

（4）压电式加速度传感器和放大器等效电路

压电传感器的输出信号很弱小，必须进行放大，压电传感器所配接的放大器有两种结构形式：一种是带电阻反馈的电压放大器，其输出电压与输入电压（即传感器的输出电压）成正比；另一种是带电容反馈的电荷放大器，其输出电压与输入电荷量成正比。

电压放大器测量系统的输出电压对电缆电容 C_c 敏感。当电缆长度变化时，C_c 就会变化，使得放大器输入电压 e_i 变化，系统的电压灵敏度也将发送变化，这就增加了测量的困难。电荷放大器则克服了上述电压放大器的缺点。它是一个高增益带电容反馈的运算放大器，如图 10.21 所示。

当略去传感器的漏电阻 R_a 和电荷放大器的输入电阻 R_i 影响时，有

$$Q = e_i(C_a + C_c + C_i) + (e_i - e_y)C_f \qquad (10.16)$$

式中，e_i 为放大器的输入端电压；e_y 为放大器输出端电压，$e_y = -ke_i$，k 为电荷放大器开环放大倍数；C_y 为电荷放大器反馈电容。将 $e_y = -ke_i$ 代入式（10.16）中可得到放大器输出端电压 e_y 与传感器电荷 Q 的关系式

$$e_y = -\frac{kQ}{(C + C_f) + kC_f} \qquad (10.17)$$

其中，$C = C_a + C_c + C_i$。

当放大器的开环增益足够大时，则有 $kC_f \gg (C + C_f)$，式（10.17）可简化成

$$e_y = -\frac{Q}{C_f} \qquad (10.18)$$

式（10.17）表明在一定条件下，电荷放大器的输出电压与传感器的电荷量成正比，而与电缆分布电容无关，输出灵敏度取决于反馈电容 C_f。所以，电荷放大器的灵敏度调节，都是采用切换运算放大器反馈电容 C_f 的办法。采用电荷放大器时，即使连接电缆长度达百米以上，其灵敏度也无明显变化，这是电荷放大器的主要优点。

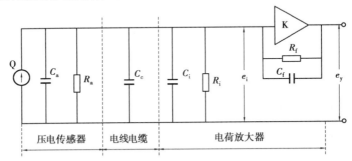

图 10.21　传感器–电缆–电荷放大器系统的等效电路图

（5）压电加速度传感器实验原理图

压电加速度传感器实验原理框图如图 10.22 所示。

图 10.22　压电加速度传感器实验原理框图

电荷放大器原理图如图 10.23 所示。

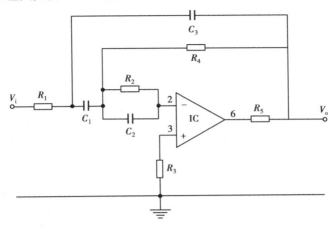

图 10.23　电荷放大器原理图

10.8.3　需用器件与单元

±15 V 直流稳压电源、振动源模块、压电传感器、移相/相敏检波/低通滤波器模块、低频振荡器、压电式传感器实验模块、双踪示波器。

10.8.4　实验步骤

①首先将压电传感器装在振动源模块上,压电传感器底部装有磁钢,可和振动盘中心的磁钢吸合。

②将低频振荡器信号接入到振动源的低频输入源插孔。

③按图 10.24 所示接线,将压电传感器输出红线插入到压电传感器实验模块 1 输入端,黑线接地。将压电传感器实验模块电路输出端 V_{o1}(如增益不够大,则 V_{o1} 接入 IC2, V_{o2} 接入低通滤波器)接入低通滤波器输入端 V_i,低通滤波器输出 V_o 与示波器相连。

④检查无误后合上主控箱电源开关,调节低频振荡器的频率与幅度旋钮使振动台振动,观察示波器波形。

⑤调整好示波器,改变低频振荡器频率,观察输出波形的变化。如果压电的波形不理想,则可通过调节压电传感器上方的螺帽(旋紧或旋松)调整,切忌不可用尖嘴钳等物旋转螺帽,只可用手轻度调节,要注意不能调节太紧,否则会损坏压电传感器中的陶瓷片。

⑥用示波器的两个通道同时观察并比较低通滤波器输入端和输出端波形。

⑦低频振荡器的幅度旋钮固定至最大,调节低频频率(调节时可用频率表监测频率),用示波器读出输出波形并将峰-峰值填入表 10.8。

表 10.8　压电传感器输出与振动频率的关系

f/Hz	5	7	12	15	17	20	25
V_{p-p}							

⑧根据表 10.8 推测出振动台的自振频率。

⑨实验完毕,关闭主电源。

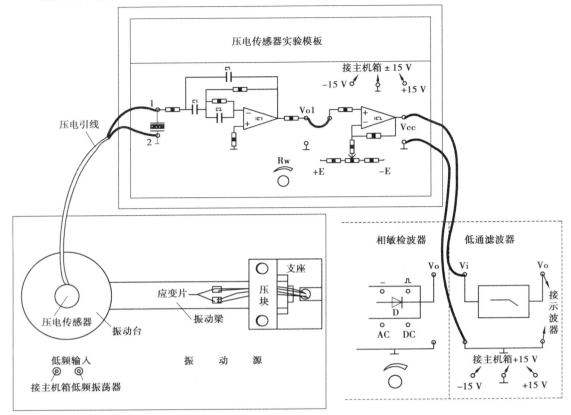

图 10.24　压电传感器振动实验安装、接线示意图

任务 10.9　光纤传感器的位移特性实验

10.9.1　实验目的

了解光纤位移传感器的工作原理和性能。

10.9.2　基本原理

光纤传感器是利用光纤的特性研制而成的传感器,主要分为两类:功能型光纤传感器及非功能型光纤传感器(也称物性型和结构型)。

功能型光纤传感器利用对外界具有敏感能力和检测功能的光纤,构成"传"和"感"一体的传感器。这里光纤不仅起到传光的作用,而且还起敏感作用。工作时利用检测量去改变描述光束的一些基本参数,如光的强度、相位、偏振、频率等,它们的改变反映了被测量的变化。由于对光信号的检测通常使用光电二极管等光电元件,所以光的那些参数的变化,最终都要被光接收器接受并被转换成光强度及相位的变化。这些变化经信号处理后,就可得到被测的物理量。应用光纤传感器这种特性可以实现力、压力、温度等物理参数的测量。

非功能光纤传感器主要是利用光纤对光的传输作用,由其他敏感元件与光纤信号传输回路组成测试系统,光纤在此仅起到传输作用。

本实验采用的是导光型多模光纤,它由两束光纤混合组成 Y 型光纤,探头为半圆分布,一束光纤端部与光源相接发射光束,另一束端部与光电转换器相接接收光束。两光束混合后的端部是工作端,即探头,它与被测体相距 X,由光源发出的光通过光纤传到端部射出后再经被测体反射回来,由另一束光纤接收反射光信号再由光电转换器转换成电压量,而光电转换器转换的电压量大小与间距 X 有关,因此可用于测量位移。原理如图 10.25 所示。

(a)光纤测位移工作原理   (b)Y形光纤

图 10.25 Y 形光纤测位移工作原理图

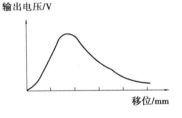

图 10.26 光纤位移特性曲线

传光型光纤传感器位移测量时根据传送光纤的光场与收讯光纤交叉地方视景做决定。当光纤探头与被测物接触或零间隙时,则全部传输光量直接被反射至传输光纤。没有提供光给接受端光纤,输出讯号便为"零"。当探头与被测物之间的距离增加时,接受端光纤接受的光量也越多,输出讯号便增大,当探头与被测物间的距离增加到一定值时,接收端光纤全部被照明,此时也称之为"光峰值"。达到"光峰值"后,探针与被测物的距离继续增加时,将造成反射光扩散或超过接收端接受视野,使得输出讯号与测量距离成反比例关系,如图 10.26 所示曲线,一般都选用线性范围较好的前坡为测试区域。

10.9.3 需用器件与单元

光纤传感器、光纤传感器实验模块、电压表、测微头、紧固螺钉、±15V 直流稳压电源、铁圆片。

10.9.4 实验步骤

①观察光纤结构:二根多模光纤组成 Y 形位移传感器。将二根光纤尾部端面对住自然光照射,观察探头端面现象,当其中一根光纤尾部端面用手遮挡住时,在探头端观察面呈半圆双 D 形结构。

②根据图 10.27 所示安装光纤位移传感器,光纤传感器有分叉的两束插入实验板上的光电变换座孔上。其内部已和发光管 D 及光电转换管 T 相接。安装光纤时,要用手抓捏两根光纤尾部的包铁部分轻轻插入光电座中,不要过分用力以免损坏光纤座中的光电管及光纤线。

③将光纤实验模块输出端 V_{o1} 与电压表(量程选择 20 V 档)相连。

④调节测微头,使探头与反射平板刚好水平接触。

⑤将实验模块接入 ±15 V 电源,检查无误后合上主控箱电源开关,调节 Rw1 到中间位置,调节 Rw2 使电压表显示为零。

⑥旋转测微头,使被测体离开探头,每隔 0.1 mm(或 0.2 mm)读取电压表示数,将其填入

表 10.9。

⑦根据表 10.9 的数据,分析光纤位移传感器的位移特性,计算在量程 1 mm 时的灵敏度和非线性误差。

⑧实验完毕,关闭主电源。

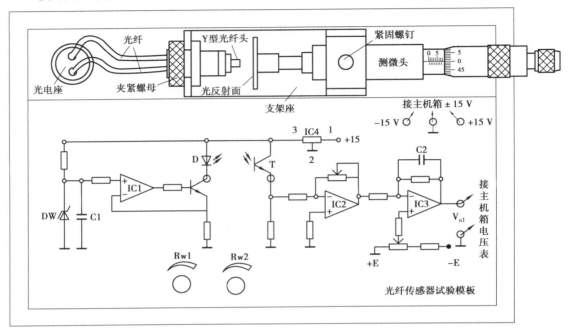

图 10.27　光纤传感器安装示意图

表 10.9　光纤位移传感器输出电压与位移数据

X/mm							
V/V							

10.9.5　思考题

光纤位移传感器测位移时对被测体的表面有些什么要求?

任务 10.10　光电转速传感器的转速测量实验

10.10.1　实验目的

了解光电转速传感器测量转速的基本原理及方法。

10.10.2　基本原理

光电式转速传感器有反射型和直射型两种,本实验装置是反射型的,传感器端部有发光管和光电管,发光管发出的光源在转盘上反射后由光电管接收转换成电信号,由于转盘上有

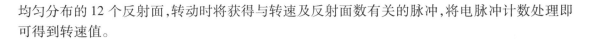

均匀分布的 12 个反射面,转动时将获得与转速及反射面数有关的脉冲,将电脉冲计数处理即可得到转速值。

10.10.3　需用器件与单元

光电转速传感器、+5 V 直流稳压电源、转动源模块、+2 ~ 24 V 可调电源、转速/频率表、电压表。

10.10.4　实验步骤

①光电式转速传感器安装如图 10.27 所示。

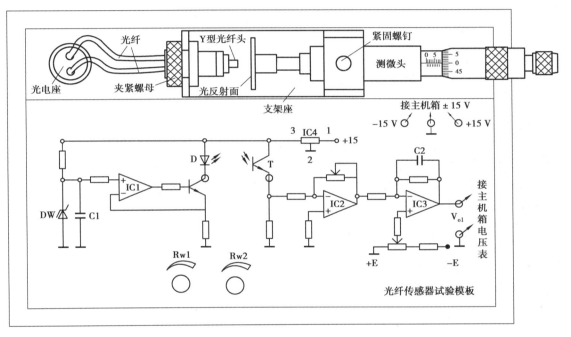

图 10.27　光电式转速传感器安装示意图

②在传感器支架上装上光电转速传感器,调节高度,使传感器端面离平台表面 2 ~ 3 mm,转速/频率表切换开关置转速档,电压表量程选择 20 V 档。将 +2 ~ 24 V 可调电源接到转动源 +2 ~ 24 V 插孔上,黑端接地。将光电传感器引线红端接入 +5 V 直流稳压电源,黑端接地,蓝端为信号输出端,接电压表输入端 V_i。

③用手转动圆盘,使探头避开反射面(磁钢处为反射面),合上主控箱电源开关,读出此时的电压值。再用手转动圆盘,使光电传感器对准磁钢反射面,调节升降支架高低,使电压表读数最大。

④重复步骤③,直至两者的电压差值最大,再将光电传感器引线蓝端与转速表输入端 fi 相接。合上主控箱电源开关,将 +2 ~ 24 V 可调电源接入转动电源 +2 ~ 24 V 插孔上,慢慢增加输出电压(可用电压表监测)使电机转速盘明显起转,固定转速电压不变,待转速稳定时,记下此时转速表上的读数 n_1。将转速/频率表选择开关拨到频率档,记下频率表读数,根据转盘上的测速点数折算成转速值 n_2(转速和频率的折算关系为:转速 = 频率 ×60/12)。实验完毕,

关闭主电源。

⑤比较转速表读数 n_1 与根据频率计算的转速 n_2,以转速 n_1 作为真值计算两种方法的测速误差(相对误差),相对误差 $\gamma = \left[(n_2 - n_1)/n_1 \right] \times 100\%$。

任务 10.11　Cu50 温度传感器的温度特性实验

10.11.1　实验目的

了解 Cu50 温度传感器的特性与应用。

10.11.2　基本原理

在一些测量精度要求不高且温度较低的场合,一般采用铜电阻进行测温,其可用来测量 $-50\ ℃ \sim +150\ ℃$ 范围内的温度。铜电阻在上述温度范围内,铜的电阻与温度呈线性关系:

$$R_t = R_0 (1 + at) \tag{10.19}$$

$R_0 = 50\ \Omega$ 是铜电阻在温度为 0 ℃ 时的阻值;$a = 4.25 \sim 4.28 \times 10^{-3}/℃$。铜电阻是用直径 0.1 mm 的绝缘铜丝绕在绝缘骨架上,再用树脂保护。优点是线性好、价格低、a 值大,缺点是易氧化,且氧化后线性度变差,所以铜电阻检测较低温度时,接线方法一般为三线制。实际测量时将铜电阻随温度变化的阻值通过电桥转换成电压变化量输出,再经放大器放大后直接用电压表显示。

10.11.3　需用器件与单元

K 型热电偶、Cu50 热电阻、YL 系列温度测量控制仪、温度源、±15 V 直流稳压电源、±2 V 可调直流稳压电源、+2 ~ 24 V 可调电源、温度传感器实验模块、电压表、万用表。

10.11.4　实验步骤

实验接线图如图 10.28 所示。

(1)差动放大电路调零

首先对温度传感器实验模块的运放测量电路调零。具体方法是把 R_5 和 R_6 的两个输入点短接并接地,然后调节增益电位器 Rw2 至最大,电压表量程选择 2 V 档,再调节 Rw3,使 V_{02} 的输出电压为零,此后 Rw3 不再调节。

(2)温控仪表的使用

将温度测量控制仪上的 220 V 电源线插入主控箱两侧配备的 220 V 控制电源插座上。

(3)热电偶及温度源的安装

温控仪控制方式选择为内控,将 K 型热电偶温度感应探头插入温度源上方两个传感器放置孔中的任意一个。将 K 型热电偶自由端引线插入"YL 系列温度测量控制仪"面板的"热电偶"插孔中,红线接正端,黑线接负端。然后将温度源的电源插头插入温度测量控制仪面板上的加热输出插孔,将可调电源 +2 ~ 24 V 接入温度源 +2 ~ 24 V 端口,黑端接地,将 Di 两端接温控仪冷却开关两端。

（4）热电阻的安装及室温调零

按图 10.28 所示接线,将 Cu50 热电阻传感器探头插入温度源的另一个插孔中,尾部红色线为正端,插入实验模块的 a 端,其它两端相连插入 b 端(左边的 a、b 代表铜电阻),a 端接电源 +2 V,b 端与差动运算放大器的一端相接,Rw1 的中心活动点和差动运算放大器的另一端相接。模块的输出 V_{02} 与主控台电压表 V_i 相连,连接好 ±15 V 电源及地线,合上主控台电源,调节 Rw1,使电压表显示为零(此时温度测量控制仪电源关闭,电压表量程选择 2 V 档)。

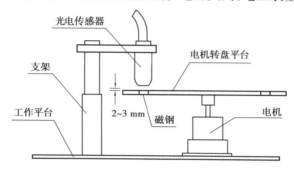

图 10.28　Cu50 温度传感器特性实验

（5）测量记录

合上温控仪及温度源开关("加热方式"和"冷却方式"均打到内控方式),设定温度控制值为 40 ℃,当温度稳定控制在 40 ℃时开始记录电压表读数,重新设定温度值为 40 ℃ + n · Δt,建议 $\Delta t = 5$ ℃,$n = 1 \sim 7$,待温度稳定后记下电压表上的读数(若在某个温度设定值点的电压值有上下波动现象,则是由于控制温度在设定值的 ±1 ℃范围波动的结果,这样可以记录波动时,传感器信号变换模块对应输出的电压最小值和最大值,取其中间数值),记录对应的温度并填入表 10.10。

表 10.10　Cu50 热电阻测温实验数据

$T/℃$							
V/mV							

（6）根据数据结果,计算 $\Delta t = 5$ ℃时,Cu50 热电阻传感器对应变换电路输出的 ΔV 数值是否接近。

（7）实验完毕,关闭各电源。

Cu50 铜电阻分度表可参考课本附录 2。

10.11.5　思考题

实验产生的误差主要由哪些因素造成?

任务 10.12　Pt100 热电阻测温特性实验

10.12.1　实验目的

了解 Pt100 热电阻的特性与应用。

10.12.2　基本原理

利用了导体电阻随温度变化的特性。热电阻用于测量时,要求其材料电阻温度系数大,稳定性好,电阻率高,电阻与温度之间最好有线性关系。铂电阻在 $0 \sim 630.74$ ℃以内,电阻 Rt 与温度 t 的关系为

$$R_t = R_0 (1 + At + Bt^2) \qquad (10.20)$$

R_0 是温度为 0 ℃时的铂热电阻的电阻值,$R_0 = 100 \ \Omega$,$A = 3.908\ 02 \times 10^{-3}$/℃,$B = -5.801\ 9 \times 10^{-7}$/℃^{2},铂电阻是三线连接,其中一端接两根引线主要是为了消除引线电阻对测量的影响。

Pt100 热电阻一般应用在冶金、化工工业等需要温度测量控制设备上,适用于测量、控制小于 600 ℃的温度。本实验由于受到温度源以及安全上的限制,所做温度值最好不大于100 ℃。

10.12.3　需用器件与单元

K 型热电偶、Pt100 热电阻、温度测量控制仪、温度源、温度传感器实验模块、电压表、±15 V 直流稳压电源、+2 V 可调直流稳压电源、+2 ~ 24 V 可调电源。

10.12.4　实验步骤

①实验操作参照"任务 10.11—Cu50 温度传感器的温度特性实验"的实验步骤(1) ~ (4)。

②按图 10.29 所示接线,将 Pt100 铂电阻三根引线引入""输入的 a、b 上,Pt100 三根引线中的蓝线和黑线短接接 b 端,红线接 a 端(右边的 a、b 代表 Pt100)。这样(Pt100)与 R_1、R_{w1}、R_3、R_4 组成直流电桥,是一种单臂电桥工作形式。R_{w1} 中心活动点与 R_6 相接,b 端与 R_5 相接。

③测量记录:合上温控仪及温度源开关("加热方式"和"冷却方式"均打到内控方式),设定温度控制值为 40 ℃,当温度控制在 40 ℃时开始记录电压表读数,重新设定温度值为 40 ℃ $+ n \cdot \Delta t$,建议 $\Delta t = 5$ ℃,$n = 1 \sim 7$,待温度稳定后记下电压表上的读数,记录对应温度并填入表 10.11。

表 10.11　Pt100 热电阻测温实验数据

T/℃							
V/mV							

④根据数据结果,计算 $\Delta t = 5$ ℃时,Pt100 热电阻传感器对应变换电路输出的 ΔV 数值是否接近。

⑤实验完毕,关闭各电源。

PT100 铂电阻分度表可参考课本附录2。

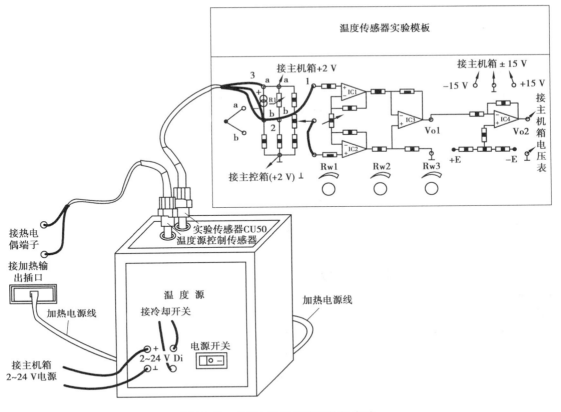

图 10.29 Pt100 温度传感器特性实验

10.12.5 思考题

如何根据测温范围和精度要求选用何种热电阻?

任务 10.13 热电偶测温性能实验

10.13.1 实验目的

了解热电偶测量温度的性能与应用范围。

10.13.2 基本原理

热电偶测温原理是利用热电效应。当两种不同的金属组成回路,若两个接点有温度差,则会产生热电势,这就是热电效应。温度高的接点称工作端,将其置于被测温度场,以相应电路就可间接测得被测温度值,温度低的接点就称冷端(也称自由端),冷端可以是室温值或经补偿后的0 ℃、25 ℃。冷热端温差越大,热电偶的输出电动势就越大,因此可以用热电动势大小衡量温度的大小。常见的热电偶有 K(镍铬 – 镍硅或镍铝)、E(镍铬 – 康铜)等,并且有相应的分度表即参考端温度为 0 ℃时的测量端温度与热电动势的对应关系表,可以通过测量热电偶输出的热电动势再查分度表得到相应的温度值。热电偶一般应用在冶金、化工和炼油行

199

业,用于测量、控制较高温度。

热电偶的分度表是定义在热电偶的参考端为 0 ℃时热电偶输出的热电动势与热电偶测量端温度值的对应关系。热电偶测温时要对参考端进行补偿,计算公式为 $E(t,t_0) = E(t,t_0')$ $+ E(t_0',t_0)$。$E(t,t_0)$ 是热电偶测量端温度为 t,参考端温度 $t_0 = 0$ ℃时的热电动势值;$E(t,t_0')$ 是热电偶测量温度 t,参考端温度为 t_0' 不等于 0 ℃的热电动势;$E(t_0',t_0)$ 是热电偶测量端温度为 t_0',参考端温度为 $t_0 = 0$ ℃的热电动势。

10.13.3 需用器件与单元

K 型、E 型热电偶、温度测量控制仪、温度源、温度实验模块、电压表、±15 V 直流稳压电源、+2 ~ 24 V 可调电源。

10.13.4 实验步骤

实验接线图如图 10.30 所示。

①在温度控制仪上选择控制方式为内控方式,将 K、E 热电偶插到温度源的两个插孔中,将 K 型热电偶自由端引线插入温度测量控制仪面板的"热电偶"插孔中,红线接正端、黑线接负端。然后将温度源的电源插头插入温度测量控制仪面板上的加热输出插孔,将 +2 ~ 24 V 可调电源接入温度源 +2 ~ 24 V 端口,黑端接地,将 Di 两端接温控仪冷却开关两端。

②从主控箱上将 ±15 V 电源、地接到温度模块上,并将 R_5、R_6 两端短接同时接地,打开主控箱电源开关,将模块上的 V_{02} 连到电压表输入端 V_i。将 Rw2 旋至最大位置,调节 Rw3 使电压表显示为零,然后关闭主电源去掉 R_5、R_6 连线。

③调节温度模块放大器的增益 $K = 10$ 倍(可根据实际调整,现以 $K = 10$ 为例),拿出应变传感器实验模板,将应变传感器实验模板上的放大器输入端短接并接地,应变传感器实验模板上的 ±15 V 电源插孔与主机箱的 ±15 V 电源相应连接,合上主机箱电源开关,电压表量程选择 2 V 档,用电压表监测应变模块输出 V_{02},调节应变模板上的调零电位器 Rw4 使放大器输出一个较大的 mV 信号 V_i,如 10 mV;再将这个 10 mV 信号接到温度传感器实验模板的放大器输入端(单端输入:上端接 mV,下端接地),用电压表监测温度传感器实验模板中的 V_{02},调节温度传感器实验模板中的 Rw2 增益电位器,使放大器输出 $V_{02} = 100$ mV,则放大器的增益 k $= V_{02}/V_i = 100/10 = 10$ 倍。

注意:增益 K 调节好后,不要再旋动 Rw2 增益电位器。

④调节完增益后拿掉应变模块及连线,按图 10.30 所示接线,将 E 型热电偶的自由端与温度模块的放大器 R_5、R_6 相接,同时 E 型热电偶的蓝色接线端接地。

⑤开启主电源,打开温控仪,观察温控仪的室温 t_0' 并记录,调节 Rw3 使输出为电压为零。

⑥设定温度值为室温 $+ n \cdot \Delta t$,建议 $\triangle t = 5$ ℃,$n = 1 ~ 7$,打开温度源开关,每隔 5 ℃读出电压表显示的电压值,同时记录对应温度值填入表 10.12。考虑到热电偶的精度及处理电路的本身误差,分度表的对应值可能有一定的偏差。

表 10.12 E 型热电偶电势(经放大)与温度数据

$T + n \cdot \Delta t$							
V_o/mV							

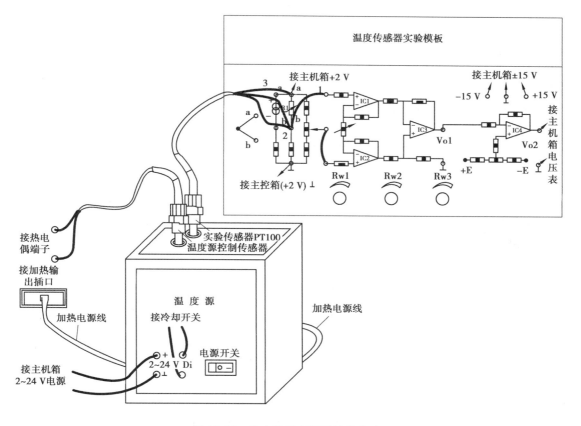

图 10.30 热电偶温度测温性能实验

⑦在上述步骤确定放大倍数为 10 倍后,通过公式来计算得到温度与电势的关系。不改变放大倍数,用温控仪记录室温 t'_0,从表 10.13 中查到相应的热电势 V'_0,由 $E(t,t_0) = E(t,t'_0) + E(t'_0,t_0) = V'_0 + V_0/10$ 计算得到 $E(t,t_0)$,再根据 $E(t,t_0)$ 的值从表 10.13 中查到相应的温度并与实验得出的温度对照。

表 10.13 E 型热电偶分度表

镍铬 - 铜镍(康铜)热电偶分度表(分度号:E)　　　　　　　　　　　　　　　　　(参考端温度为 0 ℃)

温 度 /℃	0	10	20	30	40	50	60	70	80	90
	热　电　动　势/mV									
0	0.000	0.591	1.192	1.801	2.419	3.047	3.683	4.329	4.983	5.646
100	6.317	6.996	7.683	8.377	9.078	9.787	10.501	11.222	11.949	12.681
200	13.419	14.161	14.909	15.661	16.417	17.178	17.942	18.710	19.481	20.256
300	21.033	21.814	22.597	23.383	24.171	24.961	25.754	26.549	27.345	28.143
400	28.943	29.744	30.546	31.350	32.155	32.960	33.767	34.574	35.382	36.190
500	36.999	37.808	38.617	39.426	40.236	41.045	41.853	42.662	43.470	44.278
600	45.085	45.891	46.697	47.502	48.306	49.109	49.911	50.713	51.513	52.312
700	53.110	53.907	54.703	55.498	56.291	57.083	57.873	58.663	59.451	60.237

续表

温　度 ℃	0	10	20	30	40	50	60	70	80	90
	热　电　动　势　mV									
800	61.022	61.806	62.588	63.368	64.147	64.924	65.700	66.473	67.245	68.015
900	68.783	69.549	70.313	71.075	71.835	72.593	73.350	74.104	74.857	75.608
1000	76.358	—	—	—	—	—	—	—	—	—

10.13.5　思考题

①同样实验方法,完成 K 型热电偶电势(经放大)与温度数据。

②通过温度传感器的三个实验你对各类温度传感器的使用范围有何认识?

任务 10.14　湿敏传感器实验

10.14.1　实验目的

了解湿度传感器的工作原理及特性。

10.14.2　基本原理

本实验采用的是高分子薄膜湿敏电阻。感测机理是在绝缘基板上溅射了一层高分子电解质湿敏膜,其阻值的对数与相对湿度成近似的线性关系,通过电路予以修正后,可得出与相对温度成线性关系的电信号。

传感器部分参数如表 10.14 所示。

表 10.14　湿敏传感器参数

测量范围	10% ~95%	工作精度	3%
阻值	几兆欧 ~几千欧	寿命	1 年以上
响应时间	脱湿小于 10 秒	传感器尺寸	$4 \times 6 \times 0.5 mm^3$
工作温度	0 ℃ ~50 ℃	电源	AC 1kHz,2 ~3V 或 DC 2V
温度系数	0.5% RH/℃		

10.14.3　需用器件与单元

+15 V 直流稳压电源、湿敏传感器实验模块、电压表。

10.14.4　实验步骤

湿敏传感器接线图如图 10.31 所示。

①将主控箱上的 +15 V 直流稳压电源接入传感器输入端,输出端与电压表相接,传感器

在模块右上角。

②调节 Rw 使发光管只点亮一个,对湿敏传感器上方窗口处吹气,若口气中湿度比较大,则湿敏传感器会有感应,发光管点亮的数目会增加(若湿度较小可能反应不灵敏)。

③将传感器置于一定湿度的容器上方,观察电压表示数及模块上的发光二极管发光数目的变化。待数字稍稳定后,记录下读数,观察湿度大小和电压的关系。

本实验的湿度传感器已由内部放大器进行放大、校正、输出的电压信号与相对湿度成近似线性关系。

④实验完毕,关闭主电源。

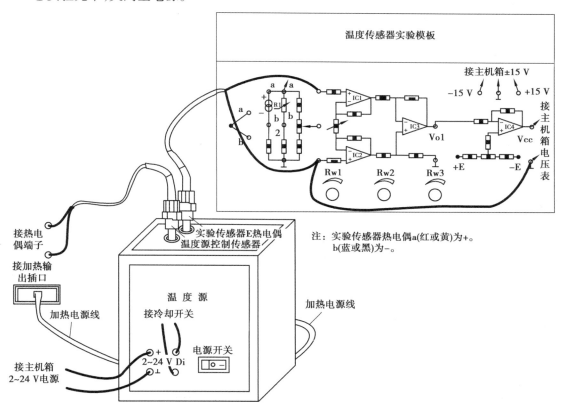

图 10.31   湿敏传感器接线图

任务 10.15   气敏(酒精)传感器实验

10.15.1   实验目的

了解气敏传感器的工作原理及特性。

10.15.2   基本原理

气敏传感器是由微型 Al_2O_3 陶瓷管 SnO_2 敏感层,测量电极和加热器构成。在正常情况下,SnO_2 敏感层在一定的加热温度下具有一定的表面电阻值(10 左右),当遇有一定含量的酒精成分气体时,其表面电阻可迅速下降,通过检测回路可将这一变化的电阻值转化成电信号输出。工作电路如图 10.32 所示。

10.15.3 需用器件与单元

酒精棉球、气敏传感器模块、+15 V 直流稳压电源。

10.15.4 实验步骤

实验接线图如图 10.33 所示。

①将 +15 V 电源及地接入气敏传感器模块,传感器在模块右上角。

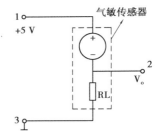

图 10.32 气敏传感器工作电路图

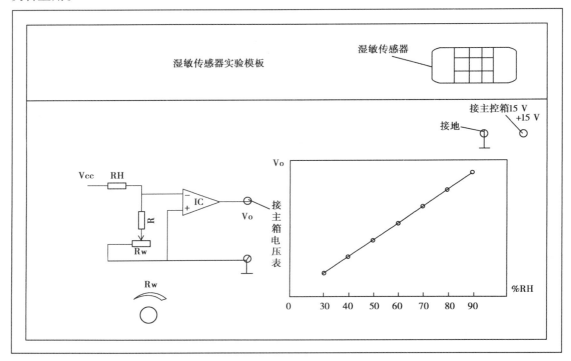

图 10.33 气敏传感器接线图

②打开电源开关,给气敏传感器预热数分钟,若时间较短可能产生较大的测试误差。

③调节 Rw 使发光管只点亮一个,将模块上 V_0 连接到主控箱的电压表输入端 V_i,自备酒精棉球(作为气敏浓度检测用)慢慢靠近传感器上方,观察电压表的变化,随着传感器附近空间酒精浓度的升高,电压表读数将越来越大,同时模块上发光管点亮的数目成上升趋势,越来越多。

④在已知所测酒精浓度的情况下,调整 Rw 可进行实验模块的输出标定。

⑤实验完毕,关闭主电源。

附　录

附录 1　几种常见传感器的性能比较

传感器类型	典型示值范围	特点及对环境要求	应用场合与领域
电位器	500 mm 以下或 360° 以下	结果简单,输出信号大,测量电路简单,摩擦力大,需要较大的输入能量,动态响应差。应置于无腐蚀性气体的环境中	直线和角位移测量
应变片	2 000 μm 以下	体积小,价格低廉,精度高,频率特性较好,输出信号小,测量电路复杂,易损坏	力、应力、应变、小位移、振动、速度、加速度及扭矩测量
自感互感	(0.001 - 20) mm	结果简单,分辨率高,输出电压高,体积大,动态响应较差,需要较大的激励功率,易受环境振动影响	小位移,液体及气体的压力测量、振动测量
电涡流	100 mm 以下	体积小,灵敏度高,非接触式,安装使用方便,频响好,应用领域宽广,测量结果标定复杂,必须远离非被测的金属物	小位移,振动、加速度、振幅、转速、表面温度及状态测量、无损探伤
电容	(0.001 - 0.5) mm	体积小,动态响应好,能在恶劣条件下工作,需要的激励源功率小,测量电路复杂,对湿度影响较敏感,需要良好的屏蔽	小位移、气体及液体压力测量、与介电常数有关的参数如含水量、湿度、液位测量
压电	0.5 mm 以下	体积小,高频响应好,属于发电型传感器,测量电路简单,受潮后易产生漏电	振动、加速度、速度测量

续表

传感器类型	典型示值范围	特点及对环境要求	应用场合与领域
光电	视应用情况而定	非接触式测量,动态响应好,精度高,应用范围广,易受外界杂光干扰,需要防光护罩	亮度、温度、转速、位移、振动、透明度的测量,或其他特殊领域的应用
霍尔	5 mm 以下	体积小,灵敏度高,线性好,动态响应好,非接触式,测量电路简单,应用范围广,易受外界磁场、温度变化的干扰	磁场强度、角度、位移、振动、转速、压力的测量或其他特殊场合应用
热电偶	$(-200 \sim 1\,300)$℃	体较小,精度高,安装方便,属发电型传感器,测量电路简单,冷端补偿复杂	测温
超声波	视应用情况而定	灵敏度高,动态响应好,非接触式,应用范围广,测量电路复杂,测量结果标定复杂	距离、速度、位移、流量、流速、厚度、液位、物位的测量及无损探伤
光栅	$(0.001 \sim 1 \times 10^4)\,mm$	测量结果易数字化,精度高,受温度影响小,成本高,不耐冲击,易受油污及灰尘影响,应有遮光、防尘的防护罩	大位移、静动态测量,多用于自动化机床
磁栅	$(0.001 \sim 1 \times 10^4)\,mm$	测量结果易数字化,精度高,受温度影响小,录磁方便,成本高,易受外界磁场影响,需要磁屏蔽	大位移、静动态测量,多用于自动化机床
感应同步器	0.005 m 至几米	测量结果易数字化,精度较高,受温度影响小,对环境要求低,易产生接长误差	大位移、静动态测量,多用于自动化机床

附录2　工业热电阻分度表

工作端温度/℃	电阻值/Ω		工作端温度/℃	电阻值/Ω	
	Cu50	Pt100		Cu50	Pt100
− 200		18.52	190		172.17
− 190		22.83	200		175.86
− 180		27.10	210		179.53
− 170		31.34	220		183.19
− 160		35.54	230		186.84
− 150		39.72	240		190.47
− 140		43.88	250		194.10
− 130		48.00	260		197.71
− 120		52.11	270		201.31
− 110		56.19	280		204.90
− 100		60.26	290		208.48
− 90		64.30	300		212.05
− 80		68.33	310		215.61
− 70		72.33	320		219.15
− 60		76.33	330		222.68
− 50	39.24	80.31	340		226.21
− 40	41.10	84.27	350		229.72
− 30	43.55	88.22	360		233.21
− 20	45.70	92.16	370		236.70
− 10	47.85	96.06	380		240.18
0	50.00	10.00	390		243.64
10	52.14	103.90	400		247.09
20	54.28	107.79	410		250.53
30	56.42	111.67	420		253.96
40	58.56	115.54	430		257.38
50	60.70	119.40	440		260.78
60	62.84	123.24	450		264.18
70	64.98	127.08	460		267.26
80	37.12	130.90	470		270.93

续表

工作端温度/℃	电阻值/Ω		工作端温度/℃	电阻值/Ω	
	Cu50	Pt100		Cu50	Pt100
90	69.26	134.71	480		274.29
100	71.40	138.51	490		277.64
110	73.54	142.29	500		280.98
120	75.68	146.07	510		284.30
130	77.83	149.83	520		287.62
140	79.98	153.58	530		290.92
150	52.13	157.33	540		294.21
160		161.05	550		297.49
170		164.77	560		300.75
180		168.48	570		304.01
580		307.25	720		351.46
590		310.49	730		355.53
600		313.71	740		357.59
610		316.92	750		360.70
620		320.12	760		363.67
630		323.30	770		366.70
640		326.48	780		369.71
650		329.64	790		372.71
660		332.18	800		375.70
670		335.93	810		378.68
680		339.06	820		381.65
690		342.18	830		384.60
700		345.28	840		387.55
710		348.38	850		390.48

附录3 镍铬—镍硅热电偶分度表（自由端温度为 0 ℃）

工作端温度/℃	热电动势/mV	工作端温度/℃	热电动势/mV	工作端温度/℃	热电动势/mV
−50	−1.889	320	13.039	690	28.709
−40	−1.527	330	13.456	700	29.128
−30	−1.156	340	13.874	710	29.547
−20	−0.777	350	14.292	720	29.965
−10	−0.392	360	14.712	730	30.383
0	−0.000	370	15.132	740	30.799
10	0.397	380	15.552	750	31.214
20	0.798	390	15.974	760	31.629
30	1.203	400	16.395	770	32.042
40	1.611	410	16.818	780	32.455
50	2.022	420	17.241	790	32.886
60	2.436	430	17.664	800	33.277
70	2.850	440	18.088	810	33.686
80	3.266	450	18.513	820	34.095
90	3.681	460	18.938	830	34.502
100	4.095	470	19.363	840	34.909
110	4.508	480	19.788	850	35.314
120	4.919	490	20.214	860	35.718
130	5.327	500	20.640	870	36.121
140	5.733	510	21.066	880	36.524
150	6.137	520	21.493	890	36.925
160	6.539	530	21.919	900	37.325
170	6.939	540	22.364	910	37.724
180	7.338	550	22.772	920	38.122
190	7.737	560	23.198	930	38.519
200	8.137	570	23.624	940	38.915
210	8.537	580	24.050	950	39.310
220	8.938	590	24.476	960	39.703
230	9.341	600	24.902	970	40.096
240	9.745	610	25.327	980	40.488

续表

工作端温度/℃	热电动势/mV	工作端温度/℃	热电动势/mV	工作端温度/℃	热电动势/mV
250	10.151	620	25.751	990	40.897
260	10.560	630	26.176	1000	41.264
270	10.969	640	26.599	1010	41.675
280	11.381	650	27.022	1020	42.045
290	11.793	660	27.445	1030	42.432
300	12.207	670	27.867	1040	42.817
310	12.623	380	28.288	1050	43.202
1060	43.585	1160	47.356	1260	50.990
1070	43.968	1170	47.726	1270	51.344
1080	44.349	1180	48.095	1280	51.697
1090	44.729	1190	48.462	1290	52.049
1100	45.108	1200	48.828	1300	52.398
1110	45.486	1210	49.192	1310	52.747
1120	45.863	1220	49.555	1320	53.093
1130	46.238	1230	49.916	1330	53.439
1140	46.612	1240	50.276	1340	53.782
1150	46.935	1250	50.633	1350	54.125

附录4　常用传感器中英文对照表

传感器	Sensor/Transducer	热电偶温度传感器	Thermocouple Temperature sensor
力传感器	Force Sensor	集成温度传感器	Integrated Temperature sensor
压力传感器	Pressure Sensor	辐射温度传感器	Radiant Temperature sensor
电阻应变式传感器	Resistance Strain Transducer	位移传感器	Displacement sensor
压电式传感器	Piezoelectric Firm Sensor	物位传感器	Level Sensor
电容式传感器	Electric Capacitance Transducer	光栅传感器	Fiber Grating Sensor
电感式传感器	Inductive Sensor	光电式传感器	Photoelectrical Sensor
压阻传感器	Piezoresitive Sensor	红外式传感器	Infrared Sensor
温度传感器	Temperature Sensor	磁电感应式传感器	Magnetoelectric Induction Sensor
电阻传感器	Resistance Sensor	霍尔式传感器	Hall Sensor
热敏电阻温度传感器	Thermistor Temperature Transducer	生物传感器	Biosensor
		温度传感器	Humidity Transducer

参考文献

［1］王煜东. 传感器及应用[M]. 北京:机械工业出版社,2004.

［2］宋文绪,杨帆. 自动检测技术[M]. 北京:高等教育出版社,2001.

［3］金发庆. 传感器技术与应用[M]. 北京:机械工业出版社,2004.

［4］何希才. 传感器及其应用[M]. 北京:国防工业出版社,2001.

［5］孙传友,孙晓斌. 感测技术基础[M]. 北京:电子工业出版社,2001.

［6］周杏鹏,仇国富等. 现代检测技术[M]. 北京:高等教育出版社,2004.

［7］刘学军. 检测与转换技术[M]. 北京:机械工业出版社,2002.

［8］梁森,王侃夫,黄杭美. 自动检测与转换技术[M]. 北京:机械工业出版社,2005.

［9］武昌俊. 自动检测技术及应用[M]. 北京:机械工业出版社,2011.

［10］裴蓓. 自动检测与转换技术[M]. 北京:电子工业出版社,2015.

［11］谢志萍. 传感器与自动检测技术[M]. 北京:电子工业出版社,2004.

［12］张玉莲. 传感器与自动检测技术[M]. 北京:机械工业出版社,2007.

［13］陈黎敏. 传感器技术及其应用[M]. 北京:机械工业出版社,2009.

［14］刘丽华. 自动检测技术及其应用[M]. 北京:清华大学出版社,2010.

［15］顾学群. 传感器与检测技术[M]. 北京:中国电力出版社,2009.

［16］刘丽. 传感器与自动检测技术[M]. 北京:中国铁道出版社,2017.

［17］周润景. 传感器与检测技术[M]. 北京:电子工业出版社,2014.

［18］常慧玲. 传感器与自动检测[M]. 北京:电子工业出版社,2016.